海に油が流れると・・・

佐々木邦昭 著
株式会社タナカ商事 協賛

本扉・絵：加藤都子

銀の鈴社

本文中に説明した写真資料

——頁を照合して活用して下さい。——

図1－6　沿岸漂着前の油塊群（資料２-33）　　本文 24頁、164頁

図1－12　軽油の流出　　本文 29頁
平成10年９月、北海道江差沖
タンカー（998GT）と漁船（19トン）の衝突により軽油260kl流出（資料２-44）

図1－18　エマルジョンの回収・手で直接すくい手渡し・土嚢袋に（京都府警察官）
本文 37頁

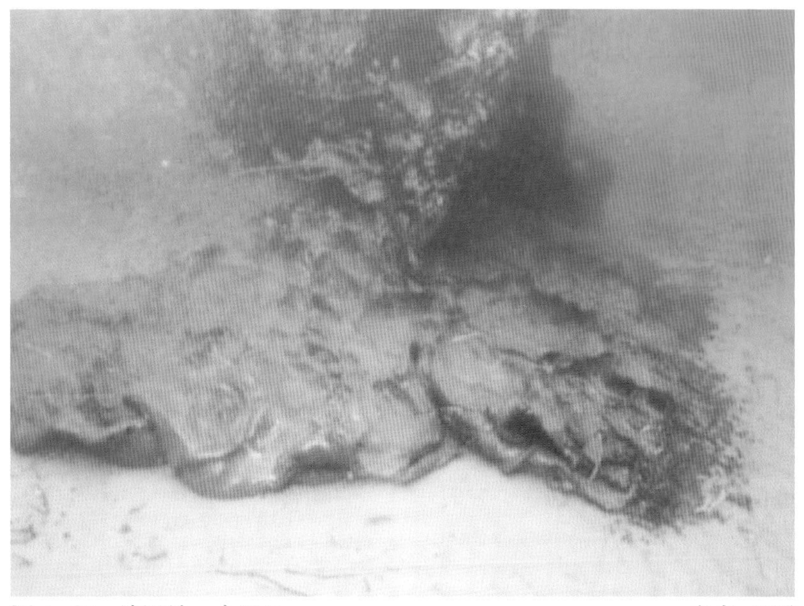
図 1-20　沈殿油　水深 5 m　本文 40頁

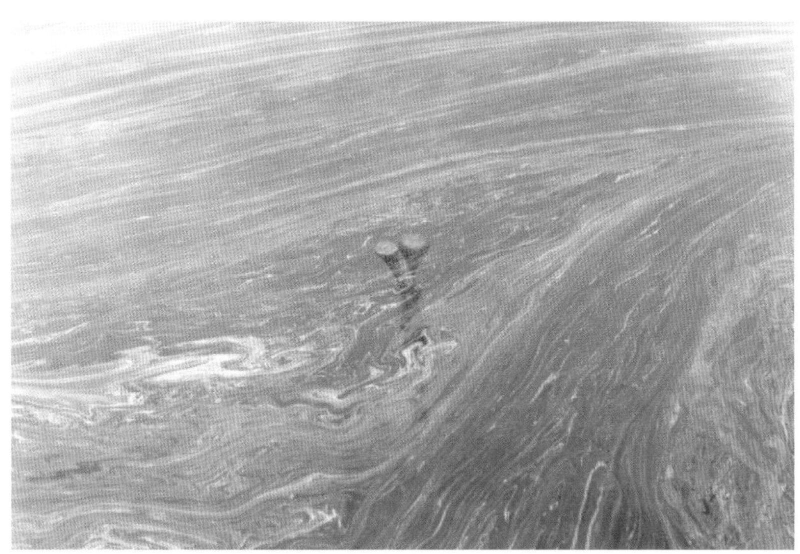
図 1-21　とっくり状に浮く油　本文 40頁

写真11・12　写真９のＯＦを岸壁に引き寄せ、バキューム車等で回収・難儀した
本文 172頁

写真19・20　小名浜造船所近く テトラを吊り上げ移動　本文 174頁

図 1 -25　海岸に漂着する高粘度油　ナホトカ　　　　　　　　　　本文 44頁

座礁船と防波堤の外から港内に入り込む油
テトラポットとケーソンのつなぎ目等から
侵入

平成16年11月石狩湾新港
マリンオオサカ

図 1 -32　道路から100m 下の現場
本文 48頁

図 1 -33　テトラポット内に漂着
本文 48頁

図 1 -34　ポンプ車の活用　岩場に漂着した油塊の回収　本文 48頁
アームとホースラインを延ばして油吸引（第 2 章**図 3 -25**に図を示す）

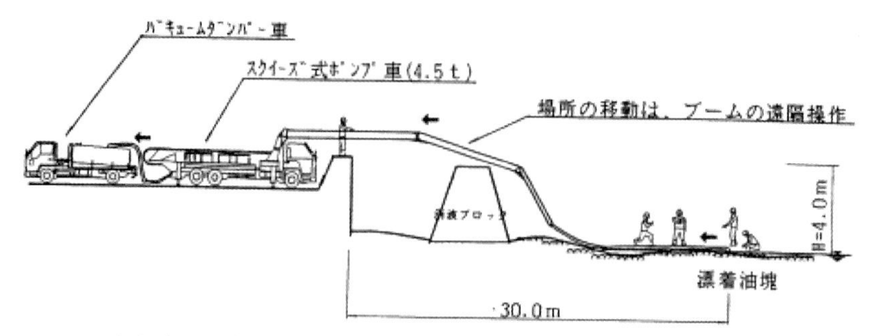

図 3 -25　障害物を越え岩場に漂着した油塊回収　**図 1 -34**をイラストに
本文 102頁

図１-35　ホースライン100m　　本文 48頁

図１-36　仮設道路から直接回収
本文 48頁

図１-37　回収油の搬出（土のう袋に油が入っている）　本文 49頁
沖の小型船に引っ張って運ぶ（左）、標高100mの国道まで索道を作り回収油を吊り上げてトラックへ

図１-38　人海作戦　左ボランティア、右自衛隊員　柄杓使用　本文 49頁
ドラム缶内の油は強力吸引車で順次吸引している

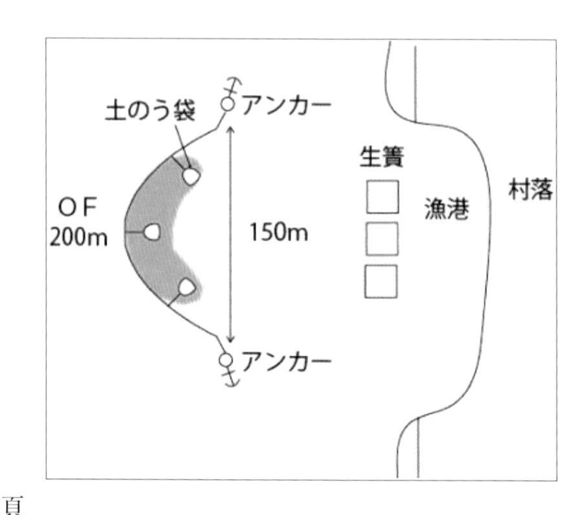

図２-40　評価の高い経験として

本文 87頁

平成９年　ナホトカ
若狭湾常神半島　小川漁港のＯＦ使用例

地元漁業者は、漁港内の生簀を守るため、西に開口する湾口の南北方向にＢ型数百ｍを直線展張した。風向により、オイルフェンスは東西に凹部状に振れ、凹部に溜まる油をその都度回収、80日間この作業は継続され、ドラム缶９千本の油が回収された。漁業者独自の工夫から、ＯＦアンカーポイントからロープをとり、土嚢と結び海底に降ろした。ＯＦが東西に振る時、ゆっくり土嚢も移動、漁民は、シノと呼んでいた。シノは数カ所に取り付けられていた。
本例は、高く評価される事例となった

油濁基金だより83号
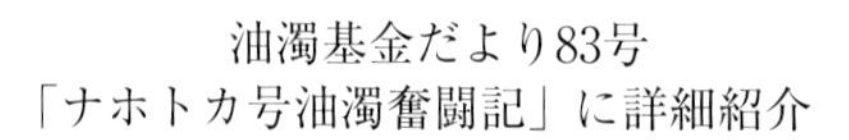
「ナホトカ号油濁奮闘記」に詳細紹介

図３-12　タンカー豊孝丸から流出した油の回収　土倉300m^3　本文 96頁

図３-13　ガット船「寿２号」土倉容積5,000m^3、バケット容量一掴み８m^3、アーム長さ24m（資料４）　本文 97頁

図３-21　強力吸引車とファスタンク　本文 101頁
パイプラインの中間に塩ビ管を固定設置

図３-22　強力吸引車　本文 101頁
仮設道路から漂着油の直接回収

図 3 -23　強力吸引車、ポンプ車、ダンパーの組み合わせ　仮設道路にて

本文 102頁

図 3 -24　危険な箇所、夜間も遠隔で回収　本文 102頁

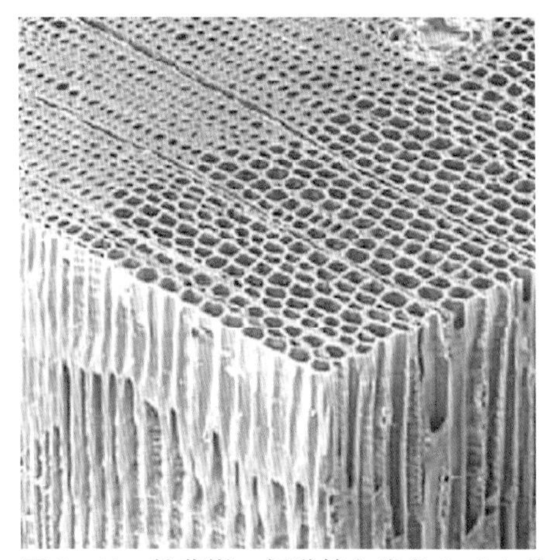

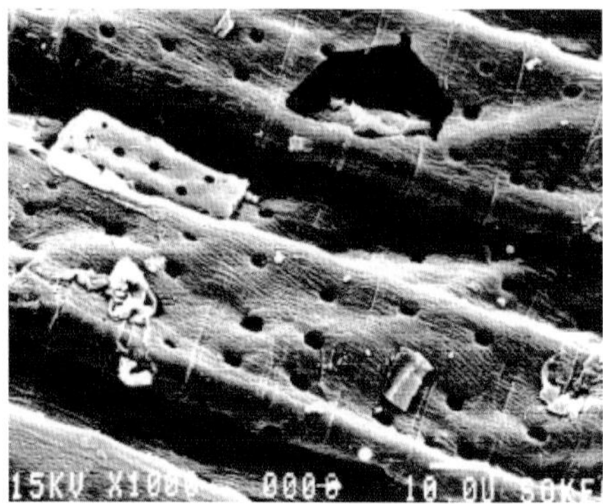

図３-41　針葉樹の仮道管と炭化させた後の表面顕微鏡写真（100倍）
写真は㈱タナカ商事提供　　　　本文 111頁

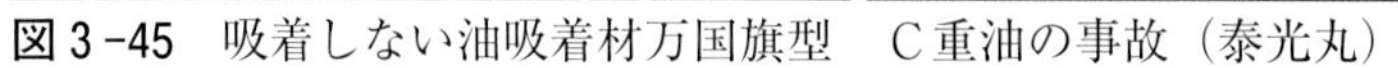

図３-45　吸着しない油吸着材万国旗型　C重油の事故（泰光丸）　　　　本文 113頁

図 3 -47　A重油の滴り（ＰＰの場合）
本文 117頁

図 3 -48　A重油の滴りが殆どない（木質系油吸着材の場合）　本文 117頁

図 3 -49　灯油の吸着　本文 117頁
色が白から黒色に変化　木質系油吸着材

図 3 -50　岩礁の中に入っている油吸着材の回収　本文 118頁
満潮時に岩の中に入り込み、引き潮時に油膜源になっていた

図 3-52　油吸着材の使用例－１　　本文 119頁
オイルスネアー
　高粘度油を絡ませ付着させる資材、捕獲材とも呼ばれる。ＯＦの役割もある。

(平成９年１月石川県珠洲市)

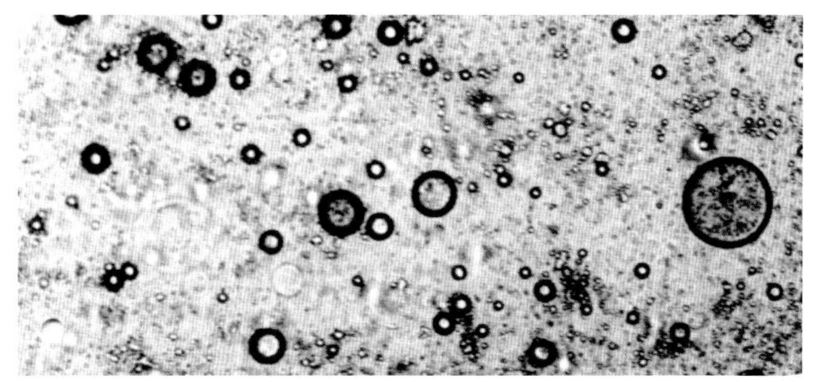

図3-64　顕微鏡写真　　本文 122頁

　微粒子化したA重油の粒、径は50～120μm

海上防災83号

図3-65　事前テスト　　本文 123頁

　採取したサンプル油を３種の油処理剤でテスト

　海水温度８℃、気温４℃　薬剤対油　１対１

（平成９年、ナホトカ）

図 3 -66　作業船から　ブームベインにより散布　　本文 123頁
図 2 -39参照

図 3 -67　ヘリコプターによる散布　吊り下げ式　　本文 123頁

写真17　第1ピット福井港　1月11日
福井港に4つのピットが作られ、内3つに合計3,000klの油が投入された。後の検量時、底部に海水はなく、高粘度油だけが残っていた。
本文 199頁

写真20　金沢港のピット　20×16×2m（約640m^3）
この岸壁には清龍丸用の係留施設も作られたが、着桟してピットに油を入れることはなかった　1月15日
本文 201頁

写真23　ドラム缶の積み込み（福井港）　本文 203頁

写真31　加賀市塩屋浜、ドラム缶2,700本、トラックで福井港集積場に
本文 212頁

写真32　加賀市塩屋浜１月10日
バケツリレーで陸側に掘った穴に直接投入　本文 213頁

写真33　１月下旬加賀市塩屋浜　穴（５ｍ×30ｍ位）に集められた油
本文 213頁

写真34　海浜の浸食　３月中旬　本文 213頁

海に油が流れると・・・　目　次

第二編　防除資機材とその使用方法

第三編　対応機関

第四編　国際協力

資料編

はじめに

この半世紀、現代社会は、海に油が流出する事故を数多く経験してきた。海上保安庁の統計によるとその総数は３万２千件以上[1)]になる。それらの一つ一つは、関係者にとっては大変な出来事であった。特にタンカーの海難による場合は、大規模で火災を伴い多くの人命が失われることや、大量の油塊群が漂流して数百 km の海岸を汚染することもあった。

一方で多くの流出油事故は、小規模で結果的には軽微な被害でなんとなく収束しているが、少量（数 kl）の流出量でも油種、海域、季節によっては巨額の損害に展開したことは少なくない。それらの主な原因は初期対応にあった。大規模な事故でも、初期対応が上手くいくと油による汚染範囲は限定的で損害も少なく収束するが、その場合は社会的な注目度は低い。

反対に注目度が高かったのは、初期対応を甘く見た場合と言える。私の経験を振り返ると、その様な失敗は生かされることが少なく、繰り返されてきた様に思う。しかも、失敗の経験を正確に記録に残す事も少なかった。油濁対応は正に戦であり、戦場の現実と、その術を知らなければ戦いようがない。この戦場では、待ったなしで色々なことが次々と発生する。

私は海上災害防止センターに昭和59年から21年間勤務し、海の油濁対応に数多く取り組んできた。平成17年に現役を引退した後も今日まで「海と渚環境美化・油濁対策機構」の専門家として、又はＮＰＯ法人「川の油濁防止技術研究会」の要員として要請のあった時、海と川の油濁現場に赴き漁業者等を支援する立場で活動してきた。

多くの場合現場は何時も混乱状態にあり、その中に入り対応を支援してきたと思っている。海洋の油濁事故対策は世界で既に半世紀の歴史があり、数多の類似事例を経験しているが、その割には今なお日本では専門家も記録書も少なく体制、法律、人材育成、資機材に改善の余地を多く残したままになっている。本書はそのような視点から今一度「海に油が流出したらどの様に対処するのか」について包括的に検証してみたい。

第一編

総　　論

第１章　海の流出油事故と対策の経緯

１．昭和30年以前

海に油が流れた記録は明治初期から残されているが、100年以上にわたり、今日のように問題化することはなかった。その理由は、昭和20年まで石油の主な消費は軍隊で民生用は少なかったこと[2]、戦後の10年間は社会が混乱状態にあって石油の使用量も少なく油汚染に対する世論が未熟であった。一方海外では、大正15年米国ワシントンで油濁規制の国際会議がもたれている。昭和９年には英国が国際連盟に提起し米、英、仏、デンマークに当時日本も参加して専門委員会が設置され、条約の草案が練られたが結果的に日、独、伊の反対で流会となっている[3]。その後、船舶から排出されるバラスト水等に含まれる油による海洋汚染を防止するため、昭和29年（1954年）に初めての条約（OILPOL 条約[4]）が32の参加国により採択された。当時の日本はまだ石炭と薪、炭が主なる燃料で石油精製がGHQから許可[5]されてから４年目で関心も低かったようで、この時はOILPOL条約には関わっていない。

２．昭和30年以降

昭和30年代は、所得倍増計画による経済成長期に入り、大型タンカーの建造が進み中東から石油の輸入が急増した[6]。そして、国民の生活様式も急変し大量の石油を必要とする新しい時代に入った。それに伴い、船舶海難、製油所の火災等に伴う油の流出、工場から硫酸、水銀、カドミウム等の排出などによる内水と海洋汚濁事故も頻発し深刻な社会問題が生じた[7]。その対策として昭和41年に「公害対策基本法」が制定され、その子法として昭和42年に前記OILPOL条約に加盟して、「海水油濁防止法」[8]を制定し本格的な油濁対策が日本でも始まった。

「油による汚濁」という言葉も海上保安白書には昭和34年版から登場していて、翌年版からは統計や事故内容などが載るようになり海洋汚染対応体制の構築が始まった。資源エネルギー庁は原油の輸入[9]について又海上保安庁は油による海洋汚染について統計の公開を始めたが、これらの数値を一緒にグラフに重ねると**図1-1**の様になる。昭和50年頃まではこれらグラフの軌跡から油の使用量と事故件数には相関性が見られる。昭和49年には原油輸入量が2.9億トン、海洋汚染件数は2千件を超えていた。しかし、二度のオイルショック[10]とその後も多発した油濁事故を防止するための法律や様々な対策を強化した事により、事故件数自体は減少してきた。近年のその数値は1.7億トン、200件程で推移している。この傾向は世界的にも同じであった。しかし、海洋汚染は件数が減っても無くなるわけではなく、国際的に原油等の海上輸送・消費量が増加している事（**図1-2**）から一度油濁事故が発生すると、経験者の減少もあり予見される混乱と被害の程度は軽くない。大量の石油を消費する限り将来にわたり高度の対応体制の維持が必要な時代は続いている。

流出油事故の記録
国際的には国際油濁補償基金（IOPCF）の年次報告書、国際タンカー船主汚染防止連盟（ITOPF）の報告書、国際油濁会議（IOSC）会報、石油連盟国際会議（油流出に関する国際シンポジューム）、OSIR（油濁情報誌）に、特にアメリカの場合は、海洋大気庁（NOAA）のIncident News、国家運輸安全委員会（NTSB）報告書等に記録されている。日本では運輸安全委員会船舶事故報告書、海難審判録、季刊誌「海上防災」（海上災害事業者協会発行1978年7月1号から2018年5月177号で廃刊、これらはCD版で購入できる。本稿の記事は、同誌の論文から多く引用している）、「油濁情報」（海と渚・油濁対策機構季刊誌、1975年1号から2011年90号までは「油濁基金だより」、2012年以降「油濁情報」と改称しネットで公開している）、NPO失敗学会データーベース、国土交通省ホームページ　https://www.mlit.go.jp/common/000043153.pdf　等
その他に特異性のある事故は単行本（重油汚染・ナホトカ、大型タンカーの海難救助論・シーエンプレス号事故に学ぶ等）、新聞の特集記事として残されている。末尾の資料3と4は、海上防災に連載した「私の油濁見聞記」の中から泰光丸とナホトカについてを加筆して添付したもの。

図１－１　原油輸入と油による海洋汚染件数の推移

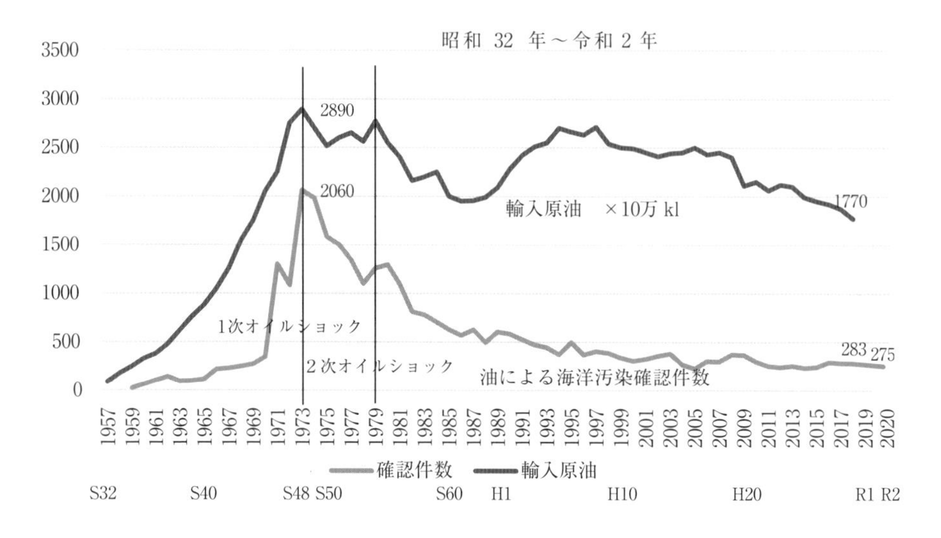

図１－２　原油等の海上輸送の推移・UNCTAD（国際連合貿易開発会議）の資料

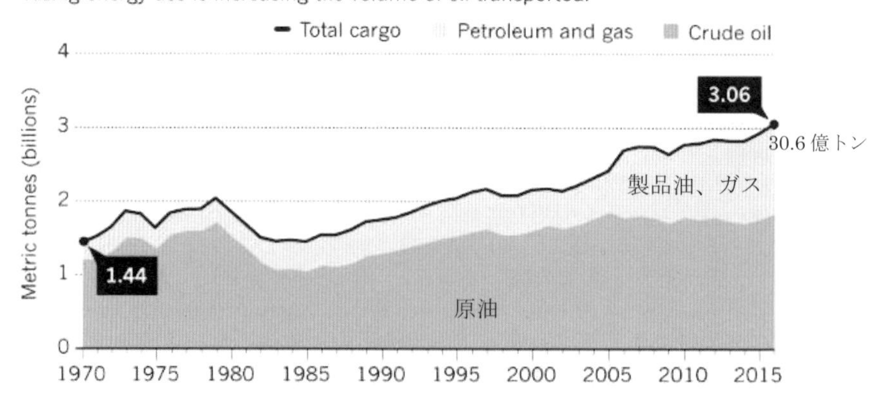

第２章　法律

日本の海洋汚染に関する国内法は、油濁対策と損害賠償について国際条約に合わせて作られている。マルポール73/78条約[11)]は「海洋汚染等及び海上災害の防止に関する法律」として国内法化され、油濁事故の予防、油の排出禁止、排出時の対応等について規定し、その対象は船舶、海洋施設、航空機、荷役桟橋を流出源とした場合を対象としている。1967年英国北海域で発生したタンカートリー・キャニオン号の事故を契機に作られた民事責任条約と基金条約は「船舶油濁等損害賠償保障法」として国内法化され損害賠償の骨組みを作っている。これらの国際条約は半世紀の間、大規模事故が発生する都度、国際海事機関（ＩＭＯ）[12)]において検討・改正が繰り返されてきた。その改正は国内法に生かされて現在に至っている。各々条約改正等の概略経緯を表１に示す。条約、経緯、法規の内容の詳細については国土交通省総合政策局海洋政策課監修と公益財団法人「日本海事センター」編の刊行物等に詳しく掲載されている。

１．海洋汚染等及び海上災害の防止に関する法律（以下海防法と呼ぶ）及び海洋汚染等及び海上災害の防止に関する法律施行規則（以下規則と呼ぶ）

海防法は、「何人も、海域において、船舶、海洋施設又は航空機から油を排出することを原則禁じる」ことを全69条で定め、海洋汚染の未然防止措置、事後措置、調査研究、罰則・行政処分の内容で構成、政令と省令でその細部を補完している。実際に大量の油が流れたとき、船長の海上保安機関への通報義務と応急措置、その後の船舶所有者等の原因者が行う措置については次の様に定めている（海防法第39条）。

（１）　応急措置は、船舶の船長又は施設の管理者に対して、オイルフェンスの展張、損壊個所の修理、他の貨物艙への残油の移替え、油の回収、油処理剤の散布による処理等の措置の内現場の状況に応じ、有効

かつ適切な措置を講じる

（２） 大量の油又は有害液体物質の排出があつたとき、船舶の船舶所有者又は施設の設置者は、直ちに国土交通省令で定めるところにより、排出油防除の為**必要な措置**を講じなければならない。・・・必要な措置とは規則第32条に次の様に規定されている

一、オイルフェンス等による油の広がりの防止

二、損傷箇所の修理など引き続きの流出防止

三、タンク残油の移替

四、回収

五、薬剤の散布

六、他の船舶へ移替

七、蒸発の促進又は抑制　　など

この原因者が行う思想は、1972年（昭和47年）５月ＯＥＣＤ理事会の勧告・**原因者負担の原則**[13]が拠り所となっている。

（３） 石油荷役桟橋等からの流出に関して（施設設置者と管理者の責務）

施設又は施設を利用する船舶から油又は有害液体物質の不適切な排出があり又は排出のおそれがある場合において当該施設内にある者その他の者が直ちにとるべき措置に関する事項について、油濁防止緊急措置手引書を作成してこれを当該施設内に備え置き、又は掲示しておかなければならない（第40－２条）。

２．船舶油濁等損害賠償保障法（以下油賠法と呼ぶ）

この法律は、「船舶油濁等損害が生じた場合における船舶所有者等の責任を明確にし、及び船舶油濁等損害の賠償を保証する制度を確立することにより、被害者の保護を図り、あわせて海上輸送の健全な発達に資する」ことを目的（油賠法第１条）として、昭和51年に「1969年民事責任条約」[14]と「1971年基金条約」[15]に加入して「油濁損害賠償保障法」として制定された。その後、条約の改正に合わせ国内法も改正がくり返されてきたが、平成16年と令和元年に大きな改正が行われた。平成16年の改正は、日本独自の国際条約に基づかないもので、Ｐ＆Ｉ保険[注]未加入外国船を規制し[16]「**船舶**油濁損害賠償保障法」と改称、令和元年改正は、「船舶油濁**等**損害賠

償保障法」と再び名称を変更したが、これは「実際に発生した事故で船舶所有者の契約違反により、被害者に保険会社（P&I 保険）から保険金が支払われず、船舶所有者による賠償もなされない、更に船体を放置したままの事例が頻発[17]したことから、バンカー条約とナイロビ条約を取り入れた改正となっている。油賠法は、原因者の責任制限に関してはタンカーを対象とし、一般船舶については、次の３．で説明する船主責任制限法で定めている。

注）Ｐ＆Ｉ保険は、船舶の所有者が加入、運航に伴って生じる賠償責任を主として補填する保険。Ｐ＆Ｉとは Protection & Indemnity の頭文字をとったもの

バンカー条約概要　http://www.jpmac.or.jp/information/pdf/674_5.pdf

（燃料油による汚染損害についての民事責任に関する国際条約、燃料油条約ともいう）

International Convention on Civil Liability for Bunker Oil Pollution Damage, 2001

2008年に発効、日本は2019年批准、2020年10月１日公布

目的

タンカー以外の船舶の燃料油流出により生じた損害に対する確実な賠償制度を確立する

船舶所有者の責任

無過失であっても船舶所有者は連帯して責任を負う（厳格責任）

船舶所有者とは、船舶の所有者、管理人及び運航者並びに裸傭船者を含む（第39条第１項）

強制保険

総トン数1,000トンを超える船舶の登録所有者は、LLMC 条約等に基づく責任限度額を担保する P&I 保険等への加入を義務付けられる。締約国政府から発給される強制保険の証明書は、船内への備え置きが義務付けられる。締約国は、P&I 保険等に加入していない自国の総トン数1,000トンを超える船舶に運航を許してはならない。また、締約国は、自国に入港し、又は自国から出港する総トン数1,000トンを超える船舶が P&I 保険等に加入していることを確保する。

保険者への請求、判決の相互承認

汚染損害の賠償請求は、保険者等に対して直接行うことができる。汚染損害が生じた（又は防止措置がとられた）国の裁判所が損害賠償に係る判決を下した場合には、各締約国においてその判決が効力を持つ。

（バンカー条約の詳細な解説は、日本船主責任相互保険組合が情報誌「海運」及びネットで公開している）

ナイロビ条約の目的

Nairobi International Convention on the Removal of Wrecks, 2007

2007年のIMO外交会議で採択され、日本は2020年に施行

締約国の排他的経済水域（EEZ）内に存在する難破物（難破した船舶、当該船舶から分離した漂流物等）が船舶の航行又は海洋環境への危険を生じさせるような場合に、その迅速かつ効果的な除去及び除去費用の補償の支払いを確保する。難破物除去条約ともいう。

3．船舶の所有者等の責任の制限に関する法律（以下船主責任制限法と呼ぶ）

海運業は古来、社会経済にとって無くてはならない業種である一方で、常に海難等によるリスクが伴っていた。その様な背景があって海運業を存続させ保護奨励する国家的な必要性から、船主等の事故責任を一定額に制限する制度（海商法）が維持されてきた。この制度を国際的に統一したのが1957年ブラッセルで採択された「海上航行船舶の所有者等の責任の制限に関する国際条約」（1957年船主責任制限条約）で、一般船舶についての責任制限制度が確立した。この条約は、その後1976年に「海事債権についての責任の制限に関する条約（Convention on Limitation of Liability for Maritime Claims,1976：76 LLMC）」に改定され、日本は1982年に「船主責任制限法」として国内法化している。この条約により、船舶所有者等の責任の限度額は、船舶のトン数に応じて規定され、賠償額が一定額に制限された。しかし、限度額を上回る事故が続いたため、2004年５月及び2015年６月に改定され船主等の責任限度額が引き上げられてきた。これらの改定はIMOの法律委員会で審議されている。

4．水質汚濁防止法

内陸部の貯油施設等を設置する工場又は事業場（以下貯油事業場等）から油が流出して港湾、沿岸海岸等の公共用水域を汚染する事故は少なくなかった。このような場合、水質汚濁防止法が適用される事がある（海防法は適用されない）。

適用の条件として、

・政令で定める油を貯蔵、又は油を含む水を処理する施設で政令で定めるもの
・政令で定める油とは、原油、重油、潤滑油、軽油、灯油、揮発油、動植物油である（施行令第３条の４）
・貯油施設等を設置する工場又は事業場（貯油事業場等）の設置者は、当該貯油事業場等において、貯油施設等の破損その他の事故が発生し、油を含む水が当該貯油事業場等から公共用水域に排出され、又は地下に浸透したことにより生活環境に係る被害を生ずるおそれがあるときは、直ちに、引き続く油を含む水の排出又は浸透の防止のための応急の措置を講ずるとともに、速やかにその事故の状況及び講じた措置の概要を都道府県知事に届け出なければならない。

注）水質汚濁防止法も海防法も適用されない深刻な油濁事故も発生している。タンクローリーが崖の上から岩場に転落し搭載していたＣ重油数 kl が海上に流出、定置網等を汚染させた事例（資料２-66）。

表１　条約と法律の推移と影響を与えた油濁事故について

		海洋汚染に関する推移	油濁損害賠償に関する推移　主要事故
1954	昭29	54年 OILPOL 条約（油による海水の汚濁の防止のための国際条約）採択※１	
1957	昭32	57年 OILPOL 条約	船主責任制限条約（1975年に国内法）
1965	昭40		ヘイムバード
1967	昭42	海水油濁防止法制定　※２	トリー・キャニオン
1969	昭44	69年 OILPOL 条約	69年民事責任条約
1970	昭45	海洋汚染防止法制定（海水油濁防止法廃止）、水質汚濁防止法公布	
1971	昭46		71年基金条約
1972	昭47		OECD 勧告 PPP
1973	昭48	73年 MALPOL 条約　※３	
1974	昭49		第10雄洋丸
1975	昭50	海洋汚染防止法改正	油濁損害賠償法制定
1976	昭51		69年民事責任条約に加入 アルゴ・マーチャント※４
1976	昭51	第10雄洋丸を受けて海洋汚染及び海上災害の防止に関する法律に改正	76LLMC（海事債権責任制限条約）、71年基金条約
1978	昭53	MALPOL73/78条約、	
1980	昭55	ロンドン条約を批准するため改正※５	

1982	昭57		船主責任制限法（76 LLMC の国内法）
1983	昭58	MALPOL73/78条約に加入に伴い、海洋汚染防災法の全面改正	
1984	昭59		PSC[18]開始
1989	平１		エクソン・バルディズ
1992	平４	MALPOL73/78条約改定[22]	92年民事責任条約、92年基金条約
1994	平６		油濁損害賠償法改正
1995	平７	OPRC 条約締結に伴う改正（緊急手引書備え付け等）	
1996	平８	海洋法条約の締結に伴う改正	96年海事債権責任制限条約（96LLMC） シー・エンプレス
1997	平９	MALPOL73/78条約により改定	ナホトカ
1999	平11		エリカ
2001	平13		チルソン
2002	平14		船舶油濁損害賠償法に改正 プレステージ
2003	平15		2003年追加基金議定書[19]
2004	平16	海洋汚染等及び海上災害の防止に関する法律に改名	
2005	平17		改正油賠法施行、追加基金議定書
2006	平18	OPRC － HNS 議定書に伴う改定	船主責任制限法改正
2007	平19	ﾛﾝﾄﾞﾝ条約96年の議定書実施等に伴う改正	
2008	平20		バンカー条約発効
2019	令１		バンカー条約批准、５月船舶油濁損害等賠償法公布
2020	令２		10月から船舶油濁等損害賠償法施行

※１　タンカーから油性ビルジ、重質油の排出を規制、発効1958年

※２　正式には「船舶の油による海水の汚濁の防止に関する法律」（昭和42年法律第127号）

※３　トリーキャニオン号事件を受けて分離バラストタンク（SBT）の義務付け等を見直した。しかしこの後も大規模事故がつづき1978年の改正につながっている。

※４　73MALPOL の規制内容をさらに強化するきっかけとなる。２万 DWT 以上の新造タンカーに SBT の義務付け、４万 DWT 以上の既存タンカーに SBT の義務付けなど（資料１－４）

※５　廃棄物その他の物の投棄による海洋汚染の防止に関する条約

第３章　流出油事故の原因

海洋へ油が流出する原因としては、船舶の海難、石油タンクの事故、地震、津波、台風、落雷等の自然災害、戦争やテロ、自然界からの浸出、不法投棄等がある。特に、滅多にないはずの戦争、地震津波の自然災害や油田の暴噴が一度発生すると、壊滅的・大規模な油濁に展開[20)]する。

１．海難（衝突、座礁、船体折損、火災爆発等）

衝突、座礁、船体折損等の海難は、大規模流出事故に発展することが多い。しかし、座礁しても油が抜き取られる、又は船体救助されて間一髪で油の流出に至らなかったことは数多くある。又エンジントラブルで数日漂流して座礁、数日後に船体が折れるというケースも少なくない。海難は船舶数の増加、挟水道・輻輳域の航行、自動操舵の過信（見張りを怠る）、大型化により喫水が深くなった等が要因になっている。これらの海難により、船体の燃料タンクに破孔が生じると、破孔の位置により流出量が推測できる。現在は、タンカーの船殻は二重構造[21)]となり、破孔が内殻に及んだとしても相当量の流出が抑えられる様になった。しかし、沈没等の全損海難や大破孔を生じた場合はその効果は少ない。**図１－３**はシングルハルにおける破孔位置と流出量の関係を示す。**図１－４**は衝突により喫水線の上下にまたがって生じた破孔で、タンク内の油全量が流出した事例である。

図１－３　破孔位置と流出量の関係

破口位置	1．水面上の場合	2．水面下の場合	3．水面の上下にまたがる場合	4．船底に生じた場合
状態	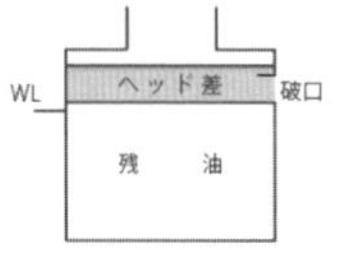 WL ヘッド差 破口 残油	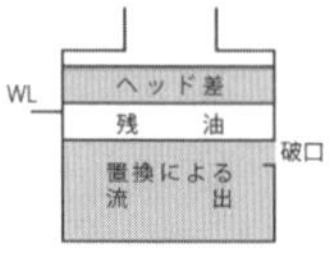 WL ヘッド差 残油 破口 置換による流出	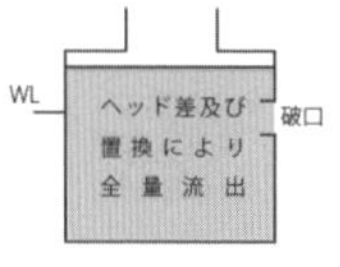 WL ヘッド差及び置換により全量流出 破口	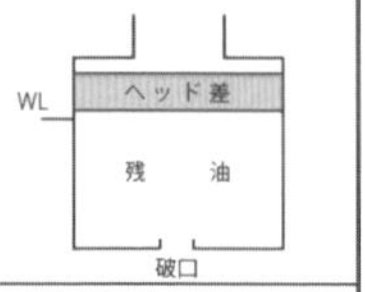 WL ヘッド差 残油 破口
流出量	ヘッド差分が流出	ヘッド差分と置換によるものが流出	全量流出	ヘッド差分が流出
10万 DWT 級の事例の流出量	水面上１ｍの位置に破口を生じると約２５％	水面下１ｍの位置に破口を生じると約９０％	破口がタンクのみの場合約１６,０００kl	約２０％

図１－４
破孔が水面の上下にできた事例
タンク内の油570kl 全量流出
平成６年10月和歌山県下津
タンカー衝突事故
資料２-34

２．陸上タンク崩壊

臨海部に設置されている重油タンクなどから油が流出し海上に及ぶ事故が発生している（①～⑥に示す）。これらの内②～④の事故はその後タンク構造、消防法等の法改正、タンクの構造、関係者教育などに生かされたが、事故はその後も頻発している。 特異な例として、温暖化に伴い永久凍土の上に建設された工場などが溶解によりタンクが破壊した事故がロシアから報じられている（⑥に示す）。

①　関東大震災に伴う東京湾の油汚染

大正12年９月１日、相模湾北西部を震源とする地震（震度7.9）により神奈川等に津波が寄せ、横須賀海軍基地の石油タンク数基が破壊又は海上に流出し大規模な油流出と海面火災となった。目撃した住民は「八景の真沖で軍艦が火のついたタンクを引っ張っておったんじゃよ、火のついた重油タンクが海上をぷかぷかと浮かび、それを軍艦が曳航していた」と証言している（大正12年9月震災記録海軍省軍務局作成の写真入りの記録が「海と安全」1999年10月号に紹介されている）

② 昭和石油㈱新潟製油所

昭和39年6月16日、大地震（M7.5）と津波（高さ4m）によりガソリンタンク（1,000kl）付属パイプが折れてガソリンが噴出、更に原油タンク（3万kl）と製品タンク計5基がスロッシング[43]による浮屋根の動揺で油が流出して異種油合流大火災となった。火災は数百m離れた民家18棟と倉庫も焼失させた。川等に流出した油については、火災、津波の被害が甚大であったためか記録は少ない。この経験から地震保険が創設され消防法も改正された。

③ 岡山県三菱石油㈱水島製油所

昭和49年12月18日、瀬戸内海に面した三菱石油㈱水島製油所で、タンク基礎部施工不良により、陸上タンクの溶接部が割れてC重油約8万klが漏洩した。そしてタンクの防油堤も破壊し、重油が排水溝を経て瀬戸内海へ拡散した。海上でのオイルフェンスの展張作業も難航し、瀬戸内海の1/3が汚染されるという空前の大事故となった。本事例を契機として石油コンビナート等災害防止法が制定され消防法も改正された。

④ 昭和53年6月12日、宮城県沖大地震（震度7.4）

仙台東北石油の重油タンク等3基がスロッシングにより破壊され計6.7万klが流出、油は防油堤を乗り越えて2,900klが海に流出した（海上防災2号）。

⑤ 東日本大震災（M9.0）

平成23年3月11日の大地震と津波により、気仙沼港でタンク22基が破壊（A重油、ガソリン等1.1万kl流出）、大船渡でC重油タンク1基が崩壊し800kl流出（2012年1月油濁情報第1号）更に、塩釜港の製油所のパイプラインが破壊されて海上に原油が流出、東京湾の製油所LPGタンク群の火災も発生している（2014年1月油濁情報第5号）。

⑥ 2020年5月、ロシアシベリア北部の工業都市ノリリスク（Norilsk）の西13kmにある工場の燃料タンク一基が損傷して軽油2.1万トンが流

出し、1.5万トンが12km 離れた二つの川に流れ、北極海の汚染が危惧されているが、ロシアは報道管制を行い詳細不明。原因は永久凍土上に作られたタンクが温暖化により底部の凍土が溶解し、タンクが損傷したことによる（2020年８月油濁情報第18号）。

３．係留施設

製油所、油槽所、石油備蓄基地等には、タンカーの専用桟橋や係留ブイ等の施設が設置されている。これらの施設では、予期せぬ原因により陸側のパイプライン・装置やタンカーにトラブルが発生、油が流出することがあり、常に油濁事故の発生が予見される要注意なエリアになっている。

① 平成６年11月26日千葉県富士石油㈱袖ケ浦製油所桟橋にてタンカーにＣ重油積み込み中、荷役パイプ接続部破損、Ｃ重油が海上に流出（資料２-35）。

② 平成22年10月沖縄金城中城港西南石油㈱の桟橋に着桟しようとした大型タンカー（空船）の左舷後部が突起部に衝突し破孔部から燃料油Ｃ重油50kl が流出、養殖漁業等へ被害が拡大した（資料２-61）。

４．不法投棄

船舶が航行中にビルジの排出、油混じりのタンク洗浄水を排出することが多かった。近年規制と監視取締りの強化により減少している。

５．暴噴　海洋油田リグ

日本では未経験であるが、海洋油田のある海域では時々発生し、大規模な事故になっている。米国カリフォルニア、メキシコ湾、ブラジル、ナイジェリア、ヨーロッパ北海、中国渤海等で発生している。

① 米国、1965年１月米国カリフォルニアサンタバーバラ、2010年メキシコ湾等で頻発（海上防災146～149号）

② 北海では1977年４月、ノルウェー領海内水深70mの油井（エコフィスク地区）で暴噴事故が発生し、原油３万トンが流出（資料１-９）

③　1988年7月、スコットランドの北東120浬のPiper　Alphaでガスに引火・爆発、2012年3月25日、英国東部アバディーン沖240km Elgin G4と呼ばれている石油・天然ガス掘削施設で、天然ガスと原油が海底から暴噴する事故が発生している（海上防災154号）
④　ナイジェリア、2011年ギニア湾の油田（海上防災153号）
⑤　ブラジル、2011年大西洋上フラージ鉱区の油井（海上防災153号）
⑥　中国、2011年蓬莱油田で2回発生（海上防災151号）
⑦　オーストラリア、ティモール海（海上防災143号）

6．戦争

①　1945年前後の太平洋戦争では千隻を超えるタンカーや艦船が沈み、多くの油が船内に残り、船体腐食などによる油流出の脅威が続いている（海上防災115号、第2次世界大戦後の後遺症、南太平洋水域の海洋汚染の脅威、海外情報、編集委員会）。
②　1983年2月、イラン・イラク戦争でイランのノールーズ油田が破壊され原油12万klがペルシャ湾に流出、海浜に漂着した油が帯になって長期間ペルシャ湾沿岸に残っている。（資料1-15）
③　1990年8月イラクのクウェートに侵攻して始まった湾岸戦争により、陸上タンクとタンカーが破壊され原油90万トンがペルシャ湾に流出（資料1-25）
④　2006年7月13日、レバノンの火力発電所がイスラエルの空爆を受け石油タンクが破壊され、重油3.5万トンが流出（資料1-52）

表２　世界と日本の主要流出油事故　　油種と原因（末尾資料１と２から）

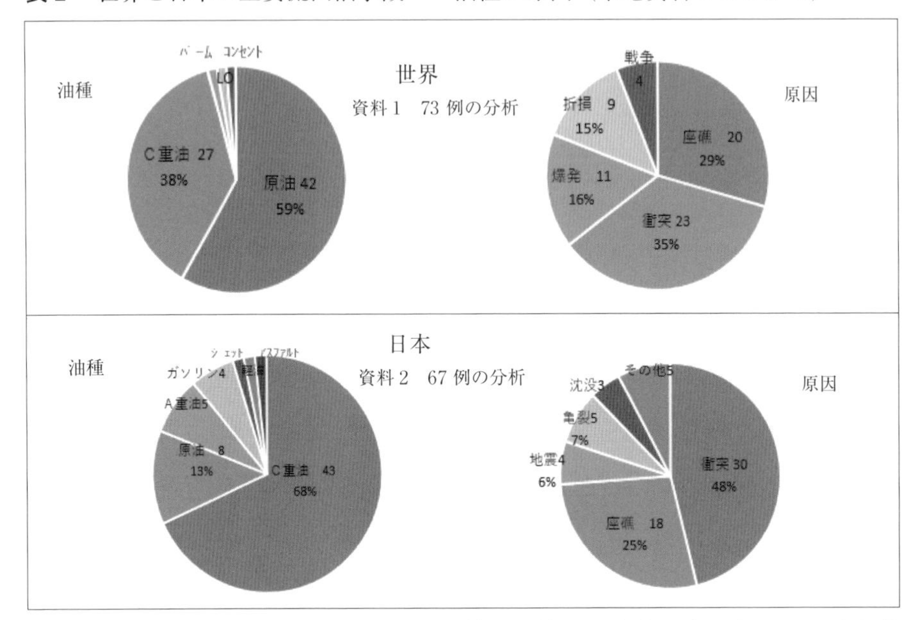

注）海難ではＡ重油、Ｃ重油、潤滑油等が一緒に流出する事が多いが、流出量の多い油種で計上

第４章　流出油による被害と防除の目的

１．直接的な被害

海に油が流出すると表３に示す様な被害をもたらす。流出油の種類、量、海域、季節、海象等の要素により、被害の内容と程度は異なる。事故が発生した時これら情報の確認と現場調査を行う。初期対応の如何が被害の程度を左右することを肝に銘じておく必要がある。

表３　流出油による被害

項　目	被　　害	備　考
自然環境	・海洋生物の汚染、死滅	光の透入、付着、毒性
	・海浜の植生破壊と浜の後退	海浜の浸食、後退
	・水鳥等野生動物の犠牲	
経済	・沿岸漁業（養殖・定置網・磯場漁業）	水産加工業に波及
	・取水（淡水化プラント、発電所、水族館等）	プラント操業停止等
	・港等海域への船舶入出港制限	臨海プラントへの影響
	・沿岸部道路、鉄道封鎖	昭40年、室蘭Ｈ号など
	・間接被害 （通行車両の増加による鶏産卵、牛乳減等）	
	・原因者自身の困窮 ・観光産業	倒産
風評	・海産物の販売不振など	
人命	・健康被害、住民避難（原油等のガス）	油種による
	・爆発、炎上	
農業など	・川を遡上、田畑の水路を汚染	

２．船舶油濁等損害とは・・(改正油賠法　令和１年５月31日公布、令和２年10月１日施行)

油賠法には、タンカーと一般船舶に分けて、次の（１）～（４）に示す汚染損害の規定がある（第２条十三～十八)。この概念は、前述の油賠法の改正（令和２年10月１日施行）に併せ新しく導入された。

（１）　船舶油濁等損害とは、タンカー油濁損害、一般船舶等油濁損害及び難破物除去損害をいう。

（２）　タンカー油濁損害とは、次に掲げる損害又は費用を言う。

イ　タンカーから流出し、又は排出された**原油等による汚染**により生ずる責任条約の締約国の領域内又は排他的経済水域（以下ＥＥＺとよぶ）内、若しくは責任条約の締約国である外国の責任条約に規定する水域内における損害

ロ　イに掲げる原因となる事実が生じた後に損害を防止し、又は軽減するために執られる**相当の措置**に要する費用及びその措置により生ずる損害（タンカー所有者が行う場合を含む）

（３）　一般船舶等油濁損害とは、次に掲げる損害又は費用をいい、タンカー油濁損害に該当するものを除く。

イ　タンカー又は一般船舶から流出し、又は排出された**燃料油等による汚染**により生ずる我が国の領域内又はＥＥＺ内における損害

ロ　タンカー又は一般船舶から流出し、又は排出された**燃料油等による汚染**により生ずるバンカー条約の締約国である外国の領域内又は燃料油条約に規定する水域内における損害

ハ　イ又はロに掲げる損害の原因となる事実が生じた後にその損害を防止し、又は軽減するために執られる**相当の措置**に要する費用及びその措置により生ずる損害

（４）　難破物除去損害とは、我が国の領域内若しくはＥＥＺ内又は難破物除去条約の締約国である外国であって、難破物除去条約の規定により通告を行ったものの領域内若しくは難破物除去条約の締約国である外国の難破物除去条約に規定する水域内における難破物の除去などの措置に要する費用の負担により生ずる損害をいい、タンカー油濁損害又は一般船舶等油濁損害に該当するものを除く。

注）正確な文言については、法令原本で確認のこと

3．流出油の防除目的

流出油の防除目的は、「油による汚染被害の拡大を防ぐ」ことである。その視点から、

・沖合を漂う油塊群

・漂着した油塊

に速やかに対処する事を最優的に考慮する。特に、沿岸に漂着すると、人々の生活圏を脅かし、被害は格段大きくなるため、沖合で多くを回収又は油処理剤散布により分散させて漂着する範囲とその程度を軽減させることは大きな意味がある。酷く汚染された海浜は、速やかに元の自然状態に戻す活動が必要である。

図1-5
平成9年1月7日
福井県三国町に漂着する油とナホトカ船首部

図1－6 沖合を移動する重油 左 定置網を汚染（資料2-66)、右 沿岸漂着前の油塊群（資料2-33)	
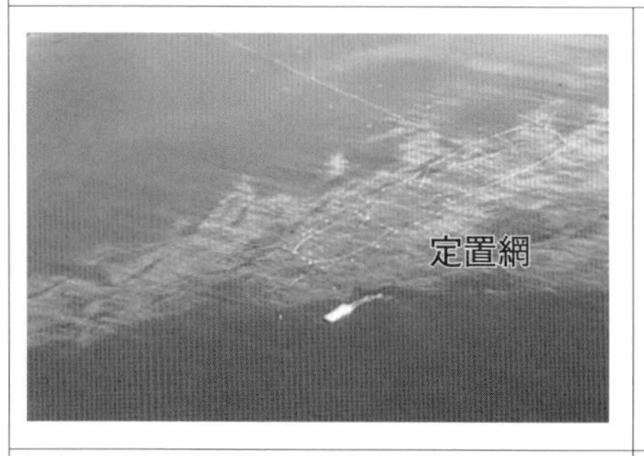	
図1－7 漂着した油（福島県豊間） 重機で砂400トン回収、図1-31参照	**図1－8** 漂着油の回収 バケツリレーでドラム缶へ 資料2-39

第５章　初期対応

１．担当者の責務

船舶が海難を起こすと、瞬時に流出油を伴う事も多い。しかし、座礁して数日後に船体が破壊して大量の油が流出する、機関故障により漂流の後に座礁・船体破壊・油流出に展開する、そして、遥か沖合の海難により大量の流出があっても本邦に漂着しない事例等も少なくない。しかし、その様な場合でも最悪の事態を視野に入れた対応が必要である。海洋に大量の原油やＣ重油等が流出すると、図１－９に示すように被害・損害は、時間とともに確実に拡大する。被害の拡大を抑えるためには初期段階で適切な「対応」が責任者に求められる。この責務を怠ると思わぬ被害が発生し、長期にわたり非効率な作業も数多く待ったなしで発生する。事故の直後は初期対応を取る貴重なタイミングであり、平時に培った知見、体力が試される。適切な対応がとられると、それが功を奏し被害の拡大を防ぎ、現場作業の完了に繋がる。発災の非常時にいきなり素人にその責任を求めても無理である。不安があれば、海上災害防止センター等の専門機関に現場責任を委託して速やかに適切な措置を執る必要がある。初期対応として担当者が行うことは、

・責任者（現場指揮者）と体制の確認
・専門家の確保（海上災害防止センター等の活用）
・費用負担、保険の確認（会社の確認、責任制限額等）
・油種、油量、性状、海域、海象等の基礎情報の把握
・油処理剤使用の是非の判断（油の性状と状態の確認、マッチングテスト）
・応急措置（残油の移送、オイルフェンス等による拡散防止等）
・高粘度油の回収システムの構築
・作業者の確保と作業班編成

・必要な資機材の選択と手配
・関係する役所等への通報（法による通報義務を含む）
・作業の安全確保
・日報、写真等記録の作成　等の即断実行である。

図1－9は、海難事故が発生してから時間と被害の関係について、その傾向を示すが、事故が発生しても油の流出や漂着がない時間帯は、嵐の前の静寂に似ている。この悩ましい時間帯は、これから起こるかもしれない油の流出を想定して対応の手配を行う貴重な時である。手配しても人・船・機械類が現地に着くまではタイムラグがあり、結果的に最悪の事態に至らなければ、その段階で手配を解除する事の妥当性は説明できる。「多分嫌な事は起きないだろう」という心理の中で、無策又は不十分な対策にならない様にしなければならない時間帯である。

図1－9　時間と被害の関係（傾向図）

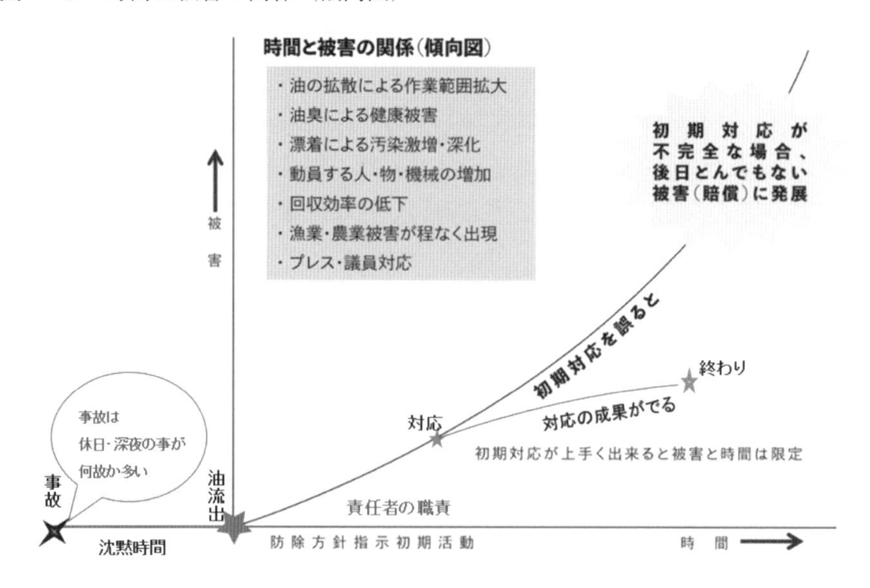

2．情報活動

事故直後、防除活動に必要な情報の収集は重要で急を要する。油種、量、性状、海域、海象の予報等から基本的な方針と対応の規模を決めて船舶、機械、人員等を手配して関係者に周知する。この方針の妥当性が以後の被害の発生、混乱に大きく影響する。

・大型船舶の海難（座礁、衝突等）が発生し、油の流出が予想される
・大量の油が洋上にあって漂着しそう
・大量の油が海岸に漂着

そのような場合、緊急の対応を執らなければならない。特に、油処理剤の使用は防除方針の大きな分岐点となる、油種、油の状態から判断、又はサンプリングして検査（マッチングテスト）を行い、科学的裏付けを得て関係者に説明する。油処理剤は決して万能薬ではなく、油種、油の状態、海域によっては選択肢にならない事も少なくない。

図１-10　マッチングテスト
「ナホトカ」号、現場のサンプル油を３種類の油処理剤で効果テストを実施（海水９℃、気温３℃）

油処理剤散布は行わないことを決めて関係者に説明した

3．対応の流れ

現場の対応が本格的に始まると、回収油の集積、処理場への搬出が慌ただしくなり、求償の手続きも並行して始まる。現場作業が長期に及ぶときは、業者へ仮払いも考慮する。全てが完了するのは、関係者からの経費請求事務を終え原因者からの支払いが完了した時になる。これらの流れを**図１-11**に示す。緊急時の対応は現実に合わせて臨機応変に実施せざるを得

ない。例えば手配した船舶や機械の成果を見極め必要であれば増強又は中止して別の方法に変える事も必要となる。

図1-11　対応の流れ

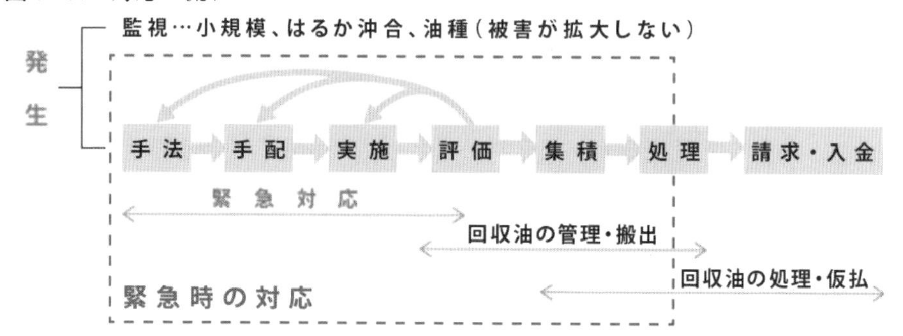

第６章　油の種類、性状、状態変化

海に流れた油への対応は、油種、量と状態により異なる。火災、有毒、蒸発、粘着、沈降等の可能性・状態について良く知る必要がある。
例えば、

・軽油やＡ重油等が10kl 程度流出し漂流する場合は比較的早く揮散して油の痕跡も不明になることが多い、しかし、寒冷期、閉鎖水域の場合は影響が長く残る
・Ｃ重油等重質油の場合は、大規模になる事が多い、揮散する事も殆どなく、粘着性を増し、含水して容積も２～３倍に膨張して長期間被害をもたらす
・原油の流出初期は、引火爆発、硫化水素等毒性ガスの危険がある事を一応意識し確認

これらの油については、国際法と国内法による規定がある。油賠法上の対象となる油種は、蒸発しにくい原油、重油等の特定油に限定されていたが、平成元年のバンカー条約を取り込んだ油賠法の改正により、全ての燃料油が該当する事となった。**図１-12**は軽油の流出であるが、積み荷の流出であり燃料油ではなく、該当しない。

図１-12　軽油の流出

平成10年９月、北海道江差沖

タンカー（998GT）と漁船（19トン）の衝突により軽油260kl 流出（資料２-44）

1．法規が定める油

海防法では殆ど全ての油、油賠法は原油等（タンカー）と燃料油等（一般船舶）の二つに分けている、水質汚濁防止法では限定した油種が対象となっている。

（１） 海洋汚染及び海上災害の防止に関する法律（海防法）

① 対象となる油は、原油、重油、潤滑油、軽油、灯油、揮発油、その他国土交通省が定める油及びこれら油を含む油性混合物をいう（第３条二）。これらの油の中で蒸発しにくい原油、重油、潤滑油、油性混合物を特定油と呼び（規則29条）、特定油が10/１万 cm^3以上の濃度で、油の量が100㍑の特定油分を含んで排出された時は、日時場所、排出の状況等（規則第30条の３）を海上保安機関に通報しなければならない（法第38条）。

② 国土交通省で定める油とは、前記６種とアスファルト及び前記に掲げた以外の炭化水素油であって、化学的に単一の有機物化合物及び二以上の当該有機化合物を調合して得られる混合物以外のものを指す（規則第２条）

③ ①の省令で定める油性混合物は、潤滑油添加剤等とする（規則第２条の二）

④ 2020年１月からIMOの海洋汚染防止条約により、硫黄分上限がこれまでの3.5％から0.5％以下に規制強化された（詳細後述）。

（２） 船舶油濁等損害賠償等保障法（以下油賠法と呼ぶ）

① 油賠法（第２条６項）が定める**原油等**とは、原油、重油、潤滑油その他蒸発しにくい油で政令が定めるものをいう。この政令（船舶油濁等損害賠償保障法施行令第１条）は、原油、重油、潤滑油のほかJIS（日本産業規格）K2254により試験した時に温度340℃以下においてその体積の50％を超える量が留出しない炭化水素油を、指している（国際条約では油とは、原油、重油、重ディーゼル油、潤滑油等の持続性油（persistent hydrocarbon mineral oil）となっている）。

② 油賠法（第２条７項）が定める**燃料油等**は燃料油、潤滑油その他船舶の航行のために用いられる政令で定めるものを言う。この施行令第２条は、燃料油（鉱物油に限る）と潤滑油を定めている。

注）前述のバンカー条約に伴う改正を受けて、令和２年10月以降**蒸発しにくい油**の表記から燃料油と変わり、燃料油が軽油等の場合も適用になる。

③ 特定油とは、政令で定める原油及び重油であって本邦内において荷揚げされるものを指す（第28条第１項）。その原油及び重油（特定油）は、原油及びＪＩＳ規格Ｋ2283により試験した時の温度37.78℃における動粘度が5.8cSt 以上である重油とする（施行令第４条）

（３） 水質汚濁防止法

① この法律において「貯油施設等」とは、重油その他の政令で定める油を貯蔵し、又は油を含む水を処理する施設で政令で定めるものをいう（第２条第５項）

② ①の政令で定める油は、原油、重油、潤滑油、軽油、灯油、揮発油、動植物油をいう（施行規則第２条の４）

２．油の状態

（１） 性状と蒸発性

製油所の蒸留装置では、**図１−13**に示す様に原油からガソリン、ナフサ、ジェット燃料油、灯油、軽油等が分留され、最後に残渣油（重油とアスファルト等）が残る。原油はこれらすべての油種の元油という事になる。各々の油種は固有の密度、引火点、着火点、動粘度、流動点、発熱量、硫黄分、蒸発性等の性状を有し、これらの項目についてはJISで規格化され、水に浮いた状態でも、色、臭い、油膜等に違いがある。**表４、５**に油種による性状を示す。原油は産地により重質から軽質があり、前者はＣ重油並み、後者は準軽油並みと幅がある。**図１−17**は海上に流出した軽質原油で、比較的早く蒸発したが、**図１−６**はＣ重油で蒸発は殆どせずに塊状態（エマルジョン）となって漂流する。

蒸発性の高い油種（Ａ重油、灯油、軽油等）の場合、その蒸発特性は

図1-15に示す様に、風と温度の影響を受ける、一方C重油等の高粘度油は殆ど蒸発しない。

ここで、A重油10kl程度が海上に流出した実例を夏と冬で比較してみると

・夏季：暑く風のある時、油臭は強く、一日程で蒸発し消滅する

・冬季：厳寒期・閉鎖海域の事故では、一カ月程、弱い油臭と薄い油膜が残る事が経験上知られている。

油は温度により、**図1-16**に示すように粘度が変化する。

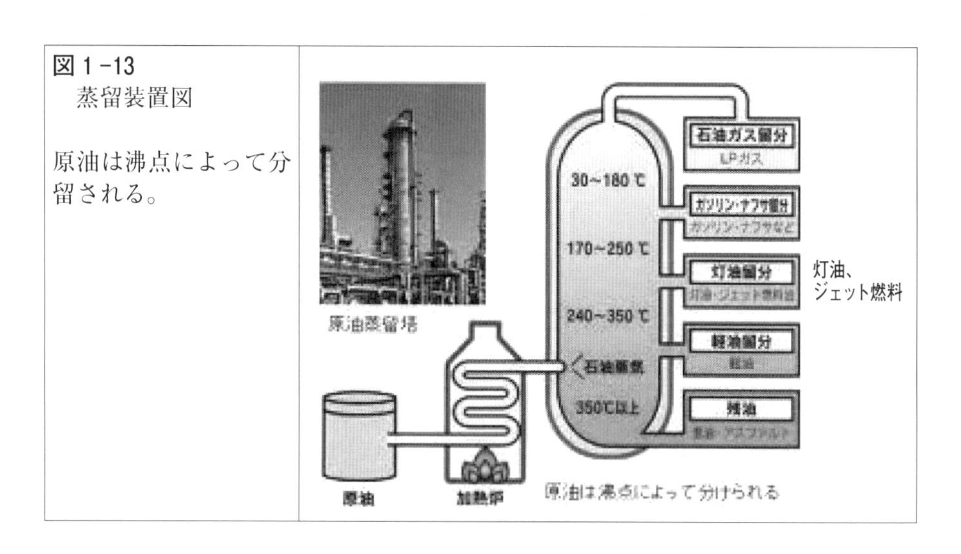

図1-13
蒸留装置図

原油は沸点によって分留される。

表 4　油の性状

製品	沸点 ℃	比重 (15℃)	引火点 ℃	動粘度 50℃ cst	流動点 ℃	用途 (爆発限界、vol %)
原油	生産地により性状は様々であり、事故のあった時確認が必要。引火点と毒性（硫化水素等）は特に留意する					製油所で精製 火力発電所
ガソリン (C_4〜C_{12})	30 〜200	0.6〜0.8	0 以下		−2〜−7	自動車等の燃料 (1.4〜7.6)
灯油 (C_{12}〜C_{18})	150 〜270	0.7〜0.8	40〜60			暖房、給湯 (1.2〜6.0)
軽油 (C_{16}〜C_{20})	160〜350	0.8〜0.88	50〜100	1.7〜2.7	−30〜5	車両、小型船舶等の燃料（6.0〜13.5）
A 重油	150以上	0.88前後	60以上	20以下	10以下	工場のボイラー、ビル・家庭・学校・温室等の暖房、船舶燃料
C 重油	150以上	0.9〜1.02	70以上	250〜1000		発電所、工場等のボイラー、大型船舶用燃料等
ジェット A−1		0.77〜0.8	37.8			航空機燃料

注 1）製品欄（　）内は炭素数。
注 2）
- 沸点（boiling point）とは、液体が沸騰しはじめるときの温度。ふつう 1 気圧のときの温度をいう。水の場合は100℃
- 比重（specific gravity）とは、ある物質の密度（単位体積当たり質量）と、基準となる標準物質の密度との比である
- 引火点（flash point）とは、可燃性の液体または固体を加熱しながらその表面近くに炎をもたらすときに発火する現象を引火といい，引火が起る最低温度を引火点という
- 動粘度（viscocity）とは、流体の粘度と密度の比をいう。潤滑油の場合，SI 単位ではm^2/sで示される。一般に cSt が使われる（$1\ m^2/s=10^6 cSt$）。
- 流動点（Pour point）　液体が凝固する直前の温度を表し、燃料を試験管に入れて横に倒したときに 5 分間全く動きがなくなるよりも2.5℃高い温度を流動点という。流動点が海水温度より高いとき、油の固化程度を判断する目安となる。
- 硫黄分（sulfur）　燃焼により二酸化硫黄 SO_2 を生じ、大気汚染の要因となっている

表5　重油のJIS規格（2020年1月1日現在）

項目	種　類					
	1種（A重油）		2種（B重油）	3種（C重油）		
	1号	2号		1号	2号	3号
反応	中　性					
ASTM 規格	NO4			NO5	NO6	
引火点℃	60以上			70以上		
動粘度（50℃）cSt（mm^2/s）	20以下		50以下	250以下	400以下	400を超え1000以下
流動点℃	5以下		10以下	—	—	—
残留炭素分質量％	4以下		8以下	—	—	—
水分容量％	0.3以下		0.4以下	0.5以下	0.6以下	2.0以下
灰分質量％	0.05以下			0.1以下		
硫黄分質量％	0.5以下					

注）ASTMはアメリカ材料試験協会

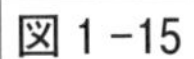
図1－15

蒸発特性（常温）

灯油とジェット燃料
そして
軽油とA重油は、殆ど同一の蒸発性と言われている。

出典
海上防災12号「流出油の性状と回収」松本謙

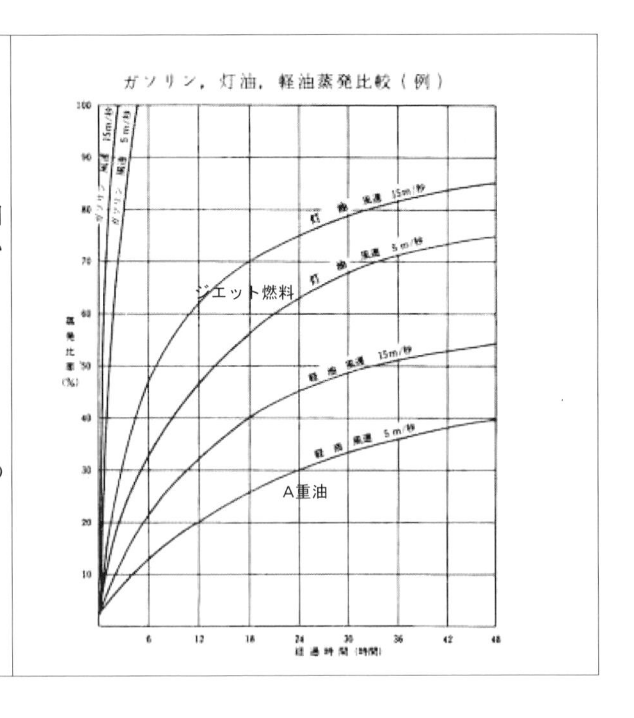

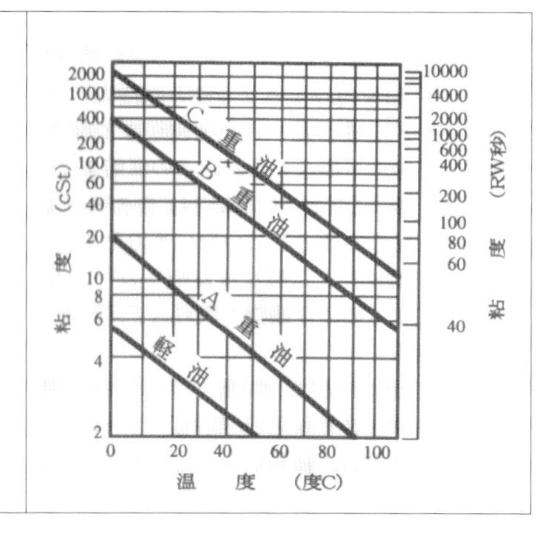

図１-16 温度と粘度の関係

(機械工学便覧、日本機械学会)

図１-17 蒸発性の高い原油
平成９年７月
タンカーダイヤモンドグレースから流出し海上を漂う原油
粘度３cst (50℃)、流動点－22℃のウルシャイム原油

海上防災96号から

（２） 危険円

1970年から2000年までの間、大型タンカーの海難により原油・ガソリンに引火爆発する事例が資料１・２からも多かったことが分かる。大量の原油が流出して海面火災を起こし、陸域の人家や工場施設にまで延焼する事は何としても避けたいことで、当時、国際的にこのテーマは国を挙げて、トップクラスの科学者を招請して調査・研究が行われている。その成果が、タンカー構造の改良、航行システムの開発、船員教育などに生かされて事故の激減につながった。しかし、2018年には東シナ海で大惨事（資料１-70）が発生しており、油断の出来ない課題である。タンカーの衝突の例を調べると、①油が流出してすぐ発火する場合（資料２-６)、②油が流出して時間をおいて発火した場合（資料２-１、３)、③最後まで発火しない場合（資料２-29、41）がある。何れも引火性の

ガスが海面を覆い油の拡がった範囲より遠くまで広がる事が考えられる。そのガスに引火すると流出源の船体まで拡がり、油に着火して大海面火災となる。この目に見えないガスの危険の及ぶ範囲を危険円と呼び、大規模な原油流出の時には最優先の事としてその目に見えないガスの存在に留意しなければならない。これは、安全工学 Vol.9 NO2,3 (1970)「大型タンカーの防災について」元良誠三に詳しく掲載されている。

（3） エマルジョン

大型船舶や火力発電所、工場で燃料として使われるC重油は、高密度、高粘度のため通常は80℃に加熱して、燃料タンク内に又は積み荷としてタンカーで大量に輸送されている。そのため、一度事故を起こすと大規模になり易い。更にC重油の特徴として、風浪で撹拌されると油の中に水粒が入り込んで（油中水とも言う）容積が約3倍に膨らみ、付着性のあるネバネバ状態の高粘度の状態になる。この状態の油は、エマルジョン、風化油、チョコレートムースとも呼ばれている。海上では巨大な畳状の塊からピンポン玉状の小さな塊となって**図1-24**の様に漂流する。**図1-18**は、平成2年1月京都府伊根町に座礁した貨物船から流出したC重油を手でつかんで回収している写真で、この油を採取して後日分析した結果は、35％が油、65％が海水のエマルジョンであった（**表6**）。エマルジョンは、波にもまれている間は柔らかいが、一旦回収して容器に入れると、固化して容器をひっくり返しても出てこない。エマルジョンから海水の分離も難しく油水分離機でもなかなか分離しない[22]。重油にはA重油とC重油があるが、これらはA重油には見られない現象で、全く異種の油であることを認識する必要がある。原油が流出した場合も、軽質成分が蒸発した後に残る重質成分は同じようなエマルジョンになる。末尾資料1と2をみると、国際的にも国内的にも問題となった油種はC重油、エマルジョンのケースが圧倒的に多いことが分かる（A重油の流出事故は件数としては多いが、量的に小規模が多く、蒸発しやすいためC重油の様に深刻な問題化は殆どない）。

図１-18　エマルジョンの回収・手で直接すくい手渡し・土嚢袋に（京都府警察官）

表６　エマルジョンの分析

平成２年２月20日と６月３日にサンプリングした油の分析結果、出光興産の協力を得て実施した。油分が35％、海水が65％、即ち、回収の対象となる油は2.9倍に増えている。６月のサンプルは事故から４ヶ月後で含水率が低下している。

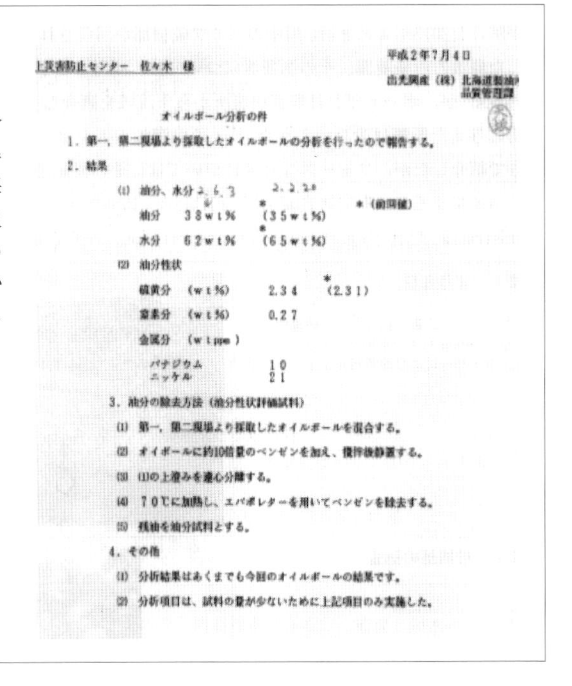

平成２年７月４日

上災害防止センター　佐々木　様

出光興産（株）北海道製油所
品質管理課

オイルボール分析の件

１．第一，第二現場より採取したオイルボールの分析を行ったので報告する。

２．結果

(1) 油分、水分 2.6.3　　2.2.20

* (前回値)

油分	３８ｗｔ％	*（３５ｗｔ％）
水分	６２ｗｔ％	*（６５ｗｔ％）

(2) 油分性状

硫黄分　（ｗｔ％）	2.３４	*（2.３１）
窒素分　（ｗｔ％）	0.２７	
金属分　（ｗｔppm）		
バナジウム	１０	
ニッケル	２１	

３．油分の除去方法（油分性状評価試料）

(1) 第一，第二現場より採取したオイルボールを混合する。

(2) オイボールに約10倍量のベンゼンを加え、攪拌後静置する。

(3) (1)の上澄みを遠心分離する。

(4) ７０℃に加熱し、エバポレターを用いてベンゼンを除去する。

(5) 残油を油分試料とする。

４．その他

(1) 分析結果はあくまでも今回のオイルボールの結果です。

(2) 分析項目は、試料の量が少ないために上記項目のみ実施した。

（４）　硫黄規制

船舶の排気ガスによる人の健康や環境への影響を抑止するため、海洋汚染防止条約（マルポール条約（MARPOL 条約））が見直され、2020年１月１日以降一般海域で使用される燃料油中の硫黄分濃度の規制値が従来の3.5質量％以下から0.5質量％以下に改正された。この海防法の改正により、違反に対しても罰則が明記されている。この規則は燃料油が対象であるが、燃料油がＣ重油の場合、硫黄分0.5％以下をＬＳＣ（低硫黄Ｃ重油）と呼び、0.5％以上の燃料をＨＳＣ（高硫黄Ｃ重油）と呼び区分している。ＨＳＣはスクラバー（排出ガスを洗浄し、排出ガス中のSOxなどを除去する装置）を介して使うことが出来る。ＬＳＣは硫黄分が少なくなったことで、動粘度の低下と流動点の上昇を伴っている。2020年７月モーリシャスで座礁した貨物船（資料１-72）から流出したＣ重油は、このＬＳＣで従前の事例との違いの有無が注視される。

海防法
第十九条の二十一　何人も、海域において、船舶に燃料油を使用するときは、政令で定める海域ごとに、硫黄分の濃度その他の品質が政令で定める基準（海防法施行令第11条の10）に適合する燃料油（以下「基準適合燃料油」という。）を使用しなければならない。
第五十五条　次の各号のいずれかに該当する者は、千万円以下の罰金に処する。
　十一　第十九条の二十一第一項の規定に違反して、燃料油を使用した者
施行令第十一条の十　法第十九条の二十一　の政令で定める基準は、北海海域等の海域では硫黄分の濃度が0.1％以下、それ以外の海域では0.5％以下とする

（５）拡散

原油の流出に伴うガスの拡散危険円の存在については（２）危険円の項で触れたが、海上に流出した油は、潮流と風による外部の力と油内部に働く表面張力、重力により粘性などに打ち勝って拡散し移動する。その広がり方は様々な不定形をとるのが通例であり、性状も変化するため時間経過に応じた拡散面積を推定する事は難しい。風、潮流の影響がなく平穏で油の性状変化がないと仮定した場合の拡散理論「元良の式」があるが、防除作業を実施する上では、潮流と風の影響が遥かに大きい（**図1-12, 24**参照）。油が拡散していくと、油層厚と色相が変化する。この拡散面積・油層厚・色相の相関性については、第３章油吸着材4.（３）と注釈49）で触れる。

（６）ゴミが混じる

海上に流出した油は、漂流中に潮目等でプラスチック、海草、木片、生物の死骸等様々なゴミと混じりあう。更に沿岸に漂着すると土砂等も混じり、その結果、大量の油汚物が発生する。このため、回収作業は、一般的には油とゴミの回収ということになる。経験的には、海上での回

元良の拡散式 流出からｔ秒後の拡散半径の算出式 安全工学 Vol.9 NO2,3（1970）「大型タンカーの防災について」から引用	$R(t)=\sqrt{2\sqrt{\frac{gV}{\pi}}\cdot t+R_0^2}$ ここで $V=V_0(1-\rho_o/\rho_s)$ V：水面上の流出油量 V_0：全流出油量 ρ_o：流出油の比重 ρ_s：海水の比重 g：重力の加速度 t：時間 R(t)：流出t秒後の拡散半径 R_0：初期流出油半径

収は実流出油量の３～４倍、沿岸部では10倍程が回収される。このゴミが混じる傾向は、時間がたつ程に顕著となる。平成９年のナホトカ号の場合、流出油量は6,240kl に対し回収総量はゴミや土砂を含め5.9万トンに及び、海外では平成11年のエリカ号の場合（資料１-46）のそれは1.4万kl に対し20万トンであり、流出量の10倍～15倍が回収されている（52頁、表８参照）。

図１-19　油に混じるゴミ　　　　海上防災123号から

（７）　沈澱油

一般的に、油は海水より軽いため沈降しない。しかし、前記のエマルジョンは、沖合で含水し比重を増し、水中に漂う又は沈澱[23]、更に海岸近くで砂が混じって沈殿する事もある。**図１-20～22**は平成５年５月福島県小名浜港付近で観察された浅海部における沈殿油等の状態を示す。これらの油の一部は、ダイバーにより吸引ホースを用いる等により回収されたが、大部分はそのまま行方知れずとなった。深海部でも沈殿油の存在は、沖合の漁業者から「沖合底引き網で引き上げた魚に油臭がある」との提報と行方知れずとなった油塊群が多いことから推測されたが、確認は出来ていない。他のＣ重油の流出事故でも大量の流出油が海上から消え去り行方不明になり沖合で沈殿したことが疑われるケースがあり、海外でも沈殿油に関する報告は少なくない（資料１-35等）。

（８） 添加剤

燃料油には一般的に様々な化学物質が添加されている。着火性、粘度調整、凍結防止等が目的であるが、それらの成分については公開されていない事が多い。海上に流失した時どの様な影響（毒性等）があるのか留意する必要がある。

図１-20 沈殿油　水深５ｍ　　**図１-21** とっくり状に浮く油

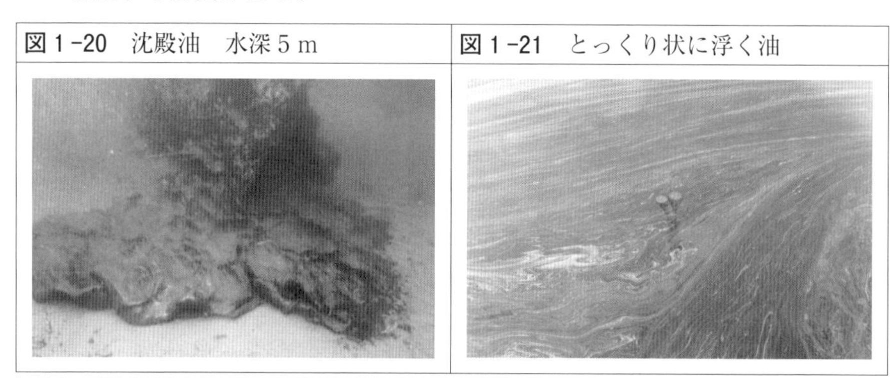

図１-22 塊、球、筒、棒、とっくり、卵のような姿で海底に沈む、海中に漂っていた

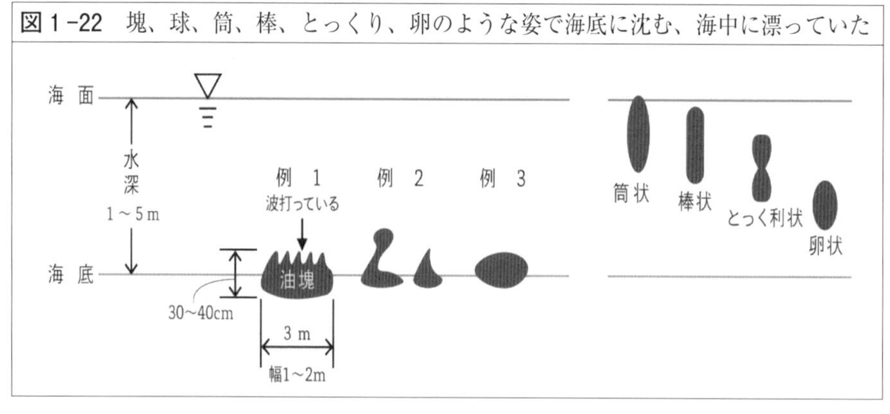

第７章　科学的支援・漂流予測

沖合で流出した大量の油が時間とともにどの様な挙動を示し、何時どこかに漂着するのか否かを予測することは、対応の準備、資機材の手配、被害の予防の面から必要な事である。そして、それは海域で観測されている海象データー等から凡その予測が出来る。海上保安庁は昭和58年度から「沿岸域における漂流予測」の研究をつづけ、その成果を「沿岸海洋研究」第23巻（昭61年)、第37巻（平11年）等で公開している。しかし、実際に大事故が発生し最悪のシナリオを予報した時、それが決定的な証拠がない限り、地元や利害関係者からの激しい問い詰めがあることから実際には予報が出来ないことがある。予報には宿命的に外れるリスクがあり、これは許容されなければならないはずである。過去の事例では、予想される風評被害などを恐れて科学的な根拠をもつ予報の公開を避ける傾向があった。実際に現場の担当者にとっては、翌日の天気図と予報と現地の実際の潮流から予測する方が実践的である。更に人工衛星写真[24)]やドローンの活用も現実的になってきている。平成９年１月３日に島根県隠岐島沖合で船体が折れ、船尾部が沈没し船首部が漂流したナホトカ号の場合、海上保安庁は１月５日時点で、船首部は「対馬海流が海岸から離れているため漂着の可能性は低い」とする予測を発表した。しかし、その２日後の１月７日福井県三国町に船首部が漂着した。もし、５日に的中した予測が出されたとすると、人の受け止めようは如何なものであったろうか？予報を出した科学者に対し、プレス、政治家等が冷静に受け入れることが出来ないのであれば、予報は出さず、実務者限定の秘扱いにすべきである。予報が外れたとき科学者の責任を追及しかねない土壌の存在を否定できない。実際には三国町に漂着したため、予測が外れたことに対し批判的な報道がされている（２月６日福井新聞朝刊「少ない海流情報　漂流予測に甘さ」の記事等)。

第８章　流出油対応

１．洋上の油について

（１）　基本的な考え

海上保安庁は排出油等防除計画[25]を作成し、計画の中で「排出油の80％を油回収船等機械的回収により回収し、残りの20％を油吸着材及び油処理剤により回収又は処理する事」を資機材の整備目標とし、この考え方を民間の油濁対策にも指導してきた。この思想を受けて、タンカー等から流出した油は、まず海浜に漂着させないために、洋上で回収、又は分散処理させること、併せて、漂着油の対策を具体的に考えなければならない。そのために必要な手法の選択、人材の確保、資機材の手配、関係先への連絡調整、プレス対応等包括的な対策を明らかにする必要がある。

（２）　油種により

①　高粘度油

過去の経験を振り返ってみると、事例として多くて厄介なのは高粘度油の場合で、波のある海上では流動性があるが、一旦容器に回収すると固化する。沖合でも海象が平穏な時は固化しているが（図１-24、25)、一旦荒天になると再び流動性を見せて柔らかい油に変身する。しかし、回収して静置すると再び固化する。

②　原油やガソリンの場合、引火爆発に注意するとともに、硫化水素が多く含まれる原油、重油もあるので必ず確認する（資料１-65)。

（３）　手法

手法の選択に当たっては、油種を確認の後、図１-23に示すように、沖合と沿岸部で各々どの様な対応を基本とするのかを判断する。

・沖合で油処理剤散布の是非を判断、その説明が必要、是の場合空中散布用航空機等の手配

・沖合の油及び漂着した油の回収は、実成果を挙げることのできる機械を選択し、その運用ができる者を確保する
・人海作戦が必要か、それは何処か

特に、海浜に漂着した大量の油は、潮汐や風の変化により再流出し、汚染域を拡大させる恐れが高いために、回収は急ぐ必要がある。

これらの判断は、原則、原因者が国の指導の下に責任をもって行うが、相当な知見と経験が求められる部分であり、素人に求めることではなく、専門家に任せるべきことである。**図1-24、25**に示す様な大量の油に対し「どの様に対処すべきなのか」平時に考えておかなければならない命題である。

図1-23　手法の選択

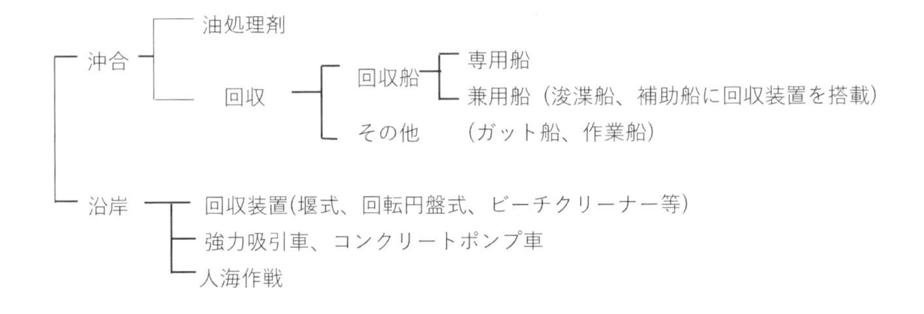

図1-24　沖合を移動する油塊群　左泰光丸、右ナホトカ

<table>
<tr><td colspan="2">図１-25　海岸に漂着する高粘度油　左ナホトカ　　右プレステージ（海上防災122号から）</td></tr>
<tr><td></td><td></td></tr>
<tr><td>座礁船と防波堤の外から港内に入り込む油
テトラポットとケーソンのつなぎ目等から侵入

平成16年11月石狩湾新港
マリンオオサカ</td><td></td></tr>
</table>

（４）　資機材

検討される資機材としては、次の①～⑥などの資材がある。これら資機材の種類、運用については第二編で取り上げる。

①　油処理剤

②　オイルフェンス

③　回収船

④　回収装置

⑤　油吸着材

⑥　汎用機械（ガット船、強力吸引車など）

２．漂着油の対応　砂浜、磯、港内

（１）　砂浜に漂着した油

砂浜の漂着油は、対応を誤ると後々非常に厄介な問題となる。人手を主に回収する人海作戦が今のところ最良の手法のようだ。重機の使用は、少しの油に大量の砂を混ぜ合わせる事になるため、その後の対応が難しく避ける又は慎重に行う。砂は後で、油の含有量に応じて分別し、油分５％以上を焼却炉へ、５％以下は、そのまま管理型埋立地に埋めることになる[26)]。ナホトカ号では、数カ所の砂浜に漂着したが、特に石川県加賀市塩屋から片野の3.8㎞の砂浜の場合、その回収のため、バックホー等の重機数十台により油のかき集めが行われた。これらの油は穴を掘り埋める又は山積みされ、重機で幾度も移動・かき混ぜられたため油と砂が均一に混じりあってしまった（図１-26から28)。その回収のため４ケ月以上、延べ数万人のボランティア等が動員された。更に、深刻な海岸浸食・後退も進行していた（213頁、写真34参照)。他の砂浜では、自衛隊、ボランティアにより丁寧な回収がスコップ等で行われ、重機の使用は避けたため、加賀市塩屋の場合と比べ短期間で始末ができた。又潮間帯の砂の中には図１-27の様に油がサンドイッチ状に入り、波打ち際では舌を出したように油が飛び出し、満潮時に水面下を漂うピンポン玉大の油球になっていた。海浜に漂着した油に対する新たな手法として、近年普及してきた自走式ビーチクリーナーが活用できる（第二編第２章で取り上げる)。

砂浜に漂着した油の回収に重機を使った事例は、平成５年福島県豊間海岸（図１-７）でもあった。ここで油と砂約400トンが回収されたが、県の指導により陸側に埋め立てられた（翌年この砂を調査したところ、乾燥した炭状になっていた)。この時任意に集めた砂10kgを、2.5mm 金網で分離する実験を行っているので**図１-31**、**表７**で紹介する。

砂と油の篩い分け（平成５年５月福島県タンカー泰光丸、**図１-７**の漂着油）
金網を使った油の分離は実際にどの程度分離できるのか、2.5mm メッシュの金網で実測した。重機で回収した油交じりの砂10kg を**図１-31**のように篩分け、分析は海上保安大学校に依頼した。結論は、**表７**に示す様に金網による分離は有効であることが確認された（資料３ 私の油濁見聞記 タンカー泰光丸 に詳細紹介）

図 1 -26　砂浜に漂着した油　重機による回収と回収後の集積（近くに穴を掘って入れた）

図 1 -27　砂の中に入った油とその後観察された変化（平成９年３月６日）

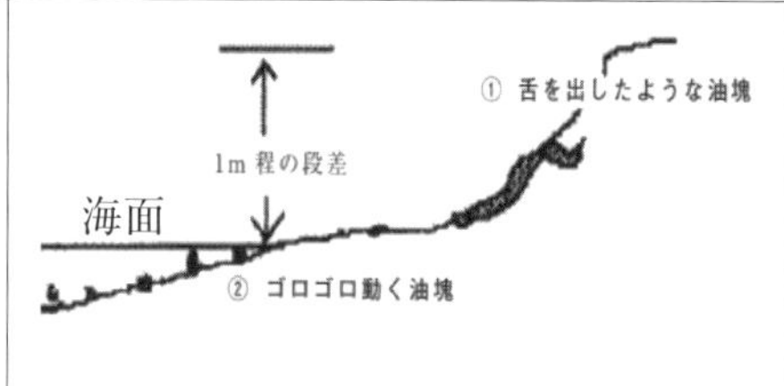

図11-28
油砂の山・ふるいで選別

図 1 -29　手作業・スコップによる回収　　　　資料２-55

図１-31　金網に残った500ｇの砂には油1.7％、下に落ちた砂には416ppmの油が残っていた

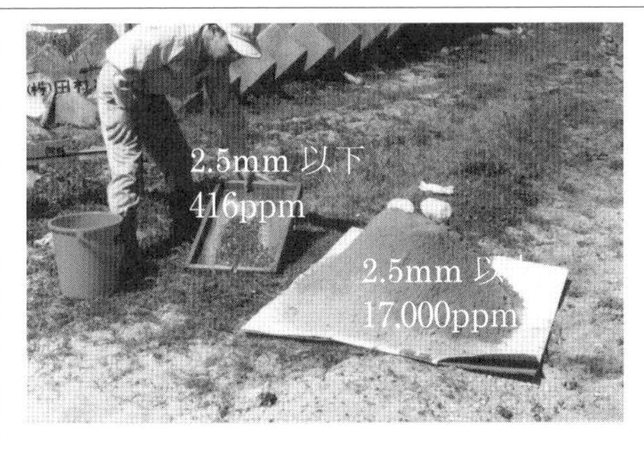

表７　金網による篩い分け

ふるい分けた砂			ppm
2.5mm 以下の砂（金網から落下）	湿ったままの砂に対する含有濃度	a	403
	乾燥させた砂に対する含有濃度	b	416
2.5mm 以上の砂（金網に残った）	湿ったままの砂に対する含有濃度	c	15,900
	乾燥させた砂に対する含有濃度	d	17,000

注）a/c=0.025　　b/d=0.024

（２）　砂浜以外の岩場等に漂着した油

大量の油が、岩場、テトラポットに漂着した時、臨機に適切な対応策をとる必要がある。漂着油を幹線道路上のタンク車まで送るためホースラインの設置、仮設道路の建設、索道設置、沖からグラブ船が寄る等が選択肢にある。従来、これらの作業は、自衛隊・警察機動隊、ボランティア、原因者手配の業者による人海作戦が多くとられ、柄杓、タモ、等が使われたが、今日では、加えて強力吸引車等の機械力は欠かせない主戦力の一つになっている。

図１-32　道路から100m 下の現場

図１-33　テトラポット内に漂着

図１-34　ポンプ車の活用　岩場に漂着した油塊の回収
アームとホースラインを延ばして油吸引（102頁、図３-25にイラストを示す）

図１-35　ホースライン100m

図１-36　仮設道路から直接回収

図1-37　回収油の搬出（土のう袋に入った油）
沖の小型船に引っ張って運ぶ（左）、標高100mの国道まで索道を作り回収油を吊り上げてトラックへ

図1-38　人海作戦　左ボランティア、右自衛隊員　柄杓使用
左図のドラム缶内の油は強力吸引車で順次吸引

（3）　ボランティア等の参加

海岸に大量の油が漂着した時、回収のため都道府県知事は自衛隊に災害派遣を要請する事が多い。他に警察機動部隊（**図1-18**）も派遣されている。汚染域が広範囲の場合、全国からボランティアも駆けつける事もある。ボランティアは、自己完結型で体力のある自衛隊員等とは異なり、大勢の老若男女が自分の意志・自己負担で参加している。従って、現地にボランティアが集まっても、彼らを支援・コーディネイトする組織が必要となる。平成９年ナホトカの場合、延べ数十万人が全国から福井県三国町、石川県珠洲市等に集まり、地元の青年会議所（JC）や市町村の役場がその役割を果たした。又、作業中に打撲、切り傷、捻挫、

腰痛等の人も相当の数に及び、体調を崩してボランティア３名を含む５名が死亡している。コーディネイトは、作業実施の判断（荒天による中止もある）、場所、方法、人数割り振り、給食、宿泊、医療等多岐にわたっている。現在、全国の社会福祉協議会が災害ボランティアとして窓口となり、傷害等の保険を付与している（日本海難防止協会の季刊誌「海と安全」2002年春513号参照）。

（４） 清掃（119頁、図３-53参照）

沿岸部の回収を終えた後、残油の清掃を行う。方法は、マンパワーによりシャベル等で岩肌等に残る油の荒取りを行い、その後、消防ポンプ等による大量の放水により洗浄を行い、海上に展張したオイルフェンス等の内に油分を溜めて吸着材等で回収するのが一般的な方法である。

３．作業の安全確保

防除作業は、多くの場合、足場が滑りやすく障害物が多い、重量物を扱う、汚れ作業、海上荒天、寒さ、休憩室がない等の劣悪な環境下で行われる。「ナホトカ」号では、数十万人のボランティア、漁業者、一般作業員が海岸部の回収作業に参加したが、目や喉の痛み、皮膚炎、頭痛、骨折、打撲、切り傷、風邪、腰痛等を多くの人が経験した。また、高血圧等で体調不良のボランティア等５名が作業の翌朝に死亡している。労働基準監督署は、漁業協同組合等に「重油流出事故に関連した作業の安全衛生上の配慮について」の注意喚起の文書を送っている。この中で、多くの現場作業員等が目や喉の痛み、皮膚炎、頭痛等を訴えていること、ドラム缶の作業で爆発事故があり、火傷、裂傷事故があったこと、岩場での転倒による負傷、ドラム缶とテトラポッドの間に指が挟まり骨折したこと等が記されている。荒天時には海浜での作業を中止して準備、休養も必要である。安全対策として、健康不良者の参加を禁ずるとともに、作業開始前の安全喚起を励行する、服装（全身を覆う服、滑り止めのある長靴、手袋など）をしっかりすること、現場作業に合わせた医療支援チームを設ける、簡易トイレを設置すること、更に作業者は傷害保険（ボランティア保険）に加入する必要がある。

4．回収油の最終処理

油の回収作業では、油以外にも水、ゴミ類、土砂、使用済みのＯＦ、油吸着材、作業着類等も一緒に回収され、県の指定する集積場に集められる。

荷姿は、ドラム缶（蓋付)、フレコンバック（大型土嚢で汚れたゴミ、油吸着材、土砂等が入る)、ピット（油が入っている)、汚れたＯＦそのものが一般的である。その後、船やトラックで指定された産業廃棄物処理場に搬出される。処理場では、焼却又は管理型埋立地に埋められる。ナホトカ号の事故では、5.9万トンが回収され、ガット船（主に福井港、飯田港、舞鶴港でピットの油を積み込み)、貨物船（福井港、金沢港で積み込みドラム缶、フレコンパック)、延べ45隻により、更に大型トラック（ドラム缶)、JR 貨物列車（貨車数十車、１車ドラム缶21本搭載）により北九州、広島、秋田等の契約のできた処理場へ搬出された。

しかし、これら最終処理場に持ち込まれたドラム缶等は、内容物の仕分けが必要であった。油水は全てをそのまま火炉で焼却、又は油分が基準値[27]より少ない油水は下水に排出、基準値より高い油水を焼却するが、火炉で大量の水蒸気を発生させ炉を傷めるため、少しずつ炉に入れている。土砂については、焼却できる焼却炉は本来存在せず、搬入された油／砂は、炉に少しずつ入れるが、ロータリーキルンに、リンカー（焼塊）が付着し、機械を損傷、停止等のトラブルを起こす。従って、水・砂等を現地で選別して減らす事が、最終処理サイドから強く求められている。これら沖合・海岸で回収され、一時保管所に集積された後の運搬、処理については、「廃棄物の処理及び清掃に関する法律」による受け入れる県の許可の下で行われる。 被災地の県は一刻も早く他所に運び出すことを求める一方で、受け入れの県も様々で厳しい条件を求める、又は拒絶するところもあった。図１-39～43はナホトカ号で回収された油類の集積、搬出、荷揚げの状況を示す。廃棄物処理場に運ばれた時、㈱新日本検定協会等による検量を受けている。表８は、流出量に対し回収された量等を示す。

表 8　流出量（C 重油）と回収量　（海上防災に記録の残る事例）

船名	流出量 kl	回収量 トン	備　考
MT	800	950	海浜からの土嚢搬出困難（**図 1 -37**）、油の多くは沖に去り不明、油処理剤180kl 散布
TA	521	1,100	他に浜に埋めた砂500トン、海底へ沈殿し、沈み不明が多い、油処理剤324kl 散布
TO	480トン	700	初期にほぼ全量回収、油処理剤散布せず
NA	約 1 万	5.9万	広範囲に漂着、ボランティアと機械が主力、油処理剤散布せず
MO	180	100	多くが沖に去り不明となる、油処理剤散布せず

MT（マリタイム・ガーデニア）、TA（泰光丸）、TO（豊孝丸）、NA（ナホトカ）、MO（マリンオーサカ）

図 1 -39
ドラム缶集積
船積み待ちの状態
ドラム缶はオープンタイプのためシートで蓋をしている。
（**図 2 -80**参照）

金沢港

図 1 -40
貨物船にドラム缶船積み
3 段積み
5 本吊りクレーン、
ドラム缶はオープンとクローズタイプ混在（**図 2 -80**参照）

福井港

図１-41
ガット船から
フレコンバックの陸揚げ
フレコンバックはコンパネ板を挟んで３段積みされた。

萩港

図１-42

ドラム缶内仕分け
油、ゴミを分別

大分の処理場

図１-43　船で運ばれた油類を一旦バージ船に集めてクレーンで陸揚げ　福山港

第９章　記録の作成

被害の規模は後日、損害金額として現れるが、人件費等の請求のために、被害者と作業に当たる者は、下記内容を記した作業日報、写真等の裏付けとなる書類と証拠の用意を必ず行う。これらのことは、タンカーの場合1992年油濁基金のクレームズ・マニュアルに請求者の責務として規定されてるが、タンカー以外の場合にも準用している。

記

・人件費（氏名、勤務した日時、場所作業内容）
・旅費（氏名、旅行内容等）
・船舶費（船名、トン数、乗組員、作業内容）
・資機材費（資器材名、数量、期間、作業内容）
・消耗品（オイルフェンス、油吸着材、油処理剤等）
・車両費（車種、期間）

表９　作業日報　　　　　　　　月　　日　　曜　　　時現在

（２）海上作業　　　　　　　　　　　　　　会社名

船種 船名	出港地 時刻	入港地 時刻	作業 場所	乗組員	使用資機材			回収 油量	備考 その他資機材
					OF	油吸着材	油処理剤		
計　隻				人	m	箱	缶	Kl	

（３）海上作業

作業場所	作業員数	作業時間	使用資機材			回収油量	備考 その他資機材
			OF	油吸着材	油吸着材		
計	人		m	箱	缶	Kl	

（４）車両明細

車種	台数	作業期間	作業場所	作業内容	
計	台			人	m

第二編
防除資機材とその使用方法

第１章　オイルフェンス　（以下ＯＦと呼ぶ）

流出油事故が発生した時、ＯＦの活用が検討され実際に使用されることは多い。過去に海上災害防止センターが実施した２号業務（原因者との契約による）を調べると約６割で使われている。その内訳を調べると油種ではＣ重油等の高粘度油が、海域では港内での使用が多かった。一方使用しなかった４割の内訳は、Ａ重油等の軽質油、少量、海域が港外や外洋の時で、使う必要がないとの判断があったのだろう。ＯＦが使われた事例を思い返すと、何れも現場は非常事態に在り、眼下の油を食い止めるためにＯＦへの期待は何時も大きかった。しかし、私の知る限り成果を挙げたことは**図２－４**、**図２-40**の様な場合もあるが、労多くして失敗する事も少なくはなかった。その原因は、知識と技量不足もあるが、構造的な欠陥にもある。

ＯＦとは・・・一体何か、どの様に運用するのか以下検証してみる。

１．一般的事項

（目的と限界）

ＯＦは、次の①～③の目的で展張する。

① 集油（ＯＦをＵ字型に展張・曳航して底部に油を集める）

② 誘導（直線的に展張、保護すべき海域から回収のできる方向に導く）

③ 包囲（流出源や油塊群を包囲・封じ込め、又は施設の取水口への流入を防止）

これらの作業は、ＯＦの基礎を知り、扱いに慣れると難しいものではないが、風浪が強まると形状の維持が困難となりＯＦの性能も低下する。例えば、

・ＯＦの係留、形状の保持が難しくなる（最悪の場合ロープ等の切断、破壊）

・油がスカートの下から潜り抜ける

・浮体の上を油と波が乗越える

この為、外洋では浮力の大きい大型ＯＦが使われるが、大型ＯＦは専用船と精通した人の存在が不可欠で、それでも風速15m／sec、波高1.5m程度が限界である。

(経緯)

我国では、1966年頃設置された専門家委員会で小型ＯＦについて検討され、各々の寸法、単体の長さ、接続部構造等がＡ型、Ｂ型として法律で規定された[30)]。但し、性能については触れられなかった。大型のＯＦについては、1975年運輸省船舶局内に設置された「海洋油濁防止装置開発委員会」で滞油性能、耐用限界等の性能を基準にＣ・Ｄ型が作られたが、寸法等は厳格には決められていない。Ａ・Ｂ型は港内タイプ、Ｃ・Ｄ型は湾内タイプと区分して呼ばれている。外洋タイプは欧米で作られ日本国内でも石油業界等に数多く導入されている。

(種類)

ＯＦの種類は、カーテン式とフェンス式に二分される。前者には固形式と充気式が、衝立式は後者に分類される。特殊なＯＦとして、大型タンカーバース用（浮沈式等)、河川用が作られている。

(ＯＦと boom)

ＯＦは、1967年頃から日本で使われるようになった和製英語で、1965年室蘭で起きたタンカーヘイムバードの事故では「アバ」「防油囲繞」という言葉が使われていた。海外では1967年のトリーキャニオンの事故からboom の名称が登場し、最近のカタログには Oil Fence とネイミングされた boom が登場している（**図２-41-７**）。

欧米のＯＦは、日本のＯＦと幾つかの点で違っている。特に、展張時の張力をスカートの下部で受ける「ボトムテンション」構造と接続部に違いがあり、これを基準に行った実験や論文が数多くあるが、日本のＯＦには当てはまらないものが少なくない。欧米では、主に北海、メキシコ湾等外洋の石油施設からの大規模な原油流出対策の切実な必要性を背景に、資器材開発・改良と人材の育成が続けられてきたが、我国ではその様な必要性が低く、人材も２年程で異動するためか専門家が育ちにくい、ＯＦの見直しもこの半世紀殆どなされていない。

図２－１
ＯＦ断面図サイズからの分類

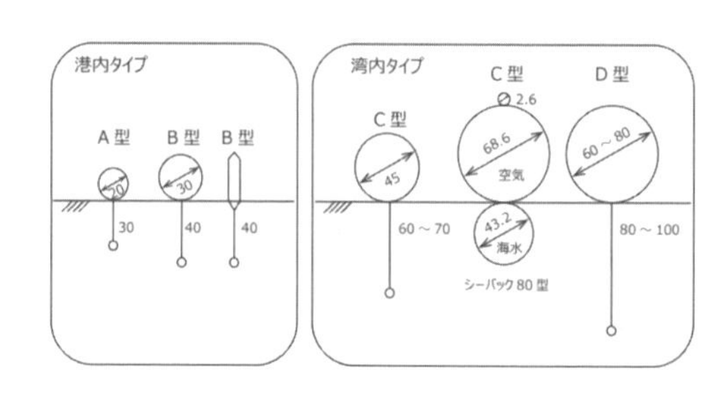

図２－２　ＯＦ単体展張状態

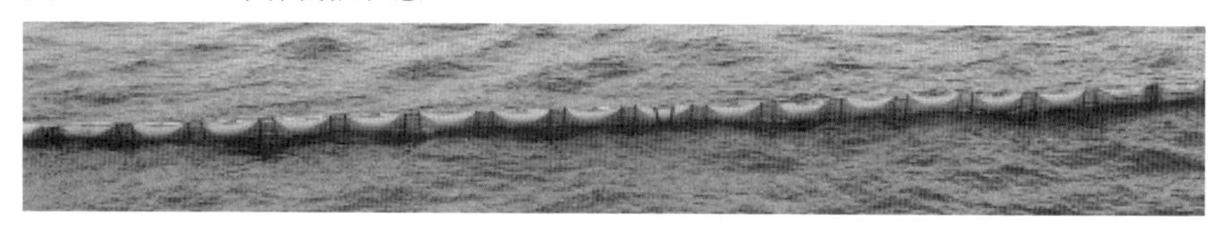

図２－３　ＯＦ単体（20m）側面図

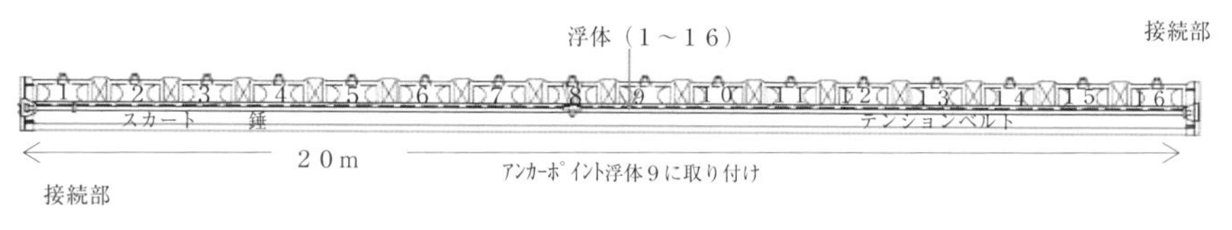

図２－４　ＯＦの流し展張（タンカー第８宮丸）　資料２-10

表２－１　ＯＦの構造面から見た分類（日本の場合）

構　造	分　類
サイズ	Ａ型（港内用）、Ｂ型（港内用）、Ｃ型（湾内用）、Ｄ型（湾内用）
浮体	固形式、充気式
スカート	フレキシブル、非フレキシブル
テンションメンバー	繊維ベルト、ロープ、ワイヤーロープ、チェーン
テンション位置	トップ、ボトム

表２－２　海外での分類[31]（後述14. 欧米のＯＦ参照）

呼び名	特　徴	日本での該当品
Curtain booms	浮体とスカートがフレキシブルにつながり、浮体が筒状の外装内に内蔵、又は外付け、充気式、大気圧式の４種がある	固形式、充気式
Fence booms	スカートが浮体と一体の剛体で非フレキシブル	衝立式
External Tension booms	テンションメンバーが外付け	特殊で、日本では作られていない
Fire-resistant booms	現場焼却、海面火災用で材質が非燃性	
Tidal Seal booms	潮間帯用、スカートが海水チューブ	
Sorbent booms	油吸着材でつくられている	吸着フェンス

２．法令上の位置付け

海防法は、船舶所有者、特定油を保管する施設の設置者等に対し、同法が規定する条件を満たすＯＦの備え付けを義務付け、次の規定に適合する事を求めている[32]。

イ．寸法が次の表に定めるものであること。但し、海底に設置するＯＦであって海面に浮揚させ、又は海底に沈降させることができる構造を有するものにあっては、接続部に係わる部分についてはこの限りでない

ロ．単体の長さは、原則として20メートルであること

ハ．接続部の型式は、重ね合せ**ファスナー式**であること。但し浮沈式はこの限りでない

ニ．安定して海面に浮き、排出された特定油をせき止めることができる構造であること

ホ．単体の長さ方向の引張強さは、29.4キロニュートン以上であること

へ．防油壁の**主材料の引張強さ**[注3]は、1cmにつき290ニュートン以上であること

ト．使用状態において耐油性及び耐水性を有すること

チ．材質は、通常の保管状態において変化しにくいものであること

注）引っ張り強さを持たせる主材料（テンションベルト）の取り付け位

置については記述がない

また、C・D型については**表2－3**に示すように滞油性能、耐用限界が風速、波高、潮流を基準に前述の委員会により決められたが、当時は経験も少なく、滞油性能の考え方が不十分であった。一般的な欧米のＯＦと併せ、C・D型も現時点では海防法で備え付けが義務化されるＯＦとは認められず、A型とB型が義務付けられるＯＦである。

表2－3　寸法・性能・限界

種類	寸法　cm			滞油性能			耐用限界		
	海面上	海面下	接続部	風速	波高	潮流	風速	波高	潮流
A	20以上	30以上	60						
B	30以上	40以上	80						
C	(45)	(60～70)		10 m/s	1 m	0.5 kt	20 m	2 m	1.0 kt
D	(60～80)	(80～100)		20 m/s	1.5m	1.0 kt	25 m	3 m	2.0 kt

注1）A、B型は、寸法、単体の長さ、強度等について規則で定められているが、性能については触れられていない。性能値についても実験値はあるが余り公開されていない

注2）C、D型については、寸法は定められていない、実存するものを（　）表示

注3）100 g の物質に働く重力の大きさが約1 N（正確には0.98N）

注4）kt はノット、1 kt=1,852m/h=51.4cm/sec 0.5kt=25.7cm/sec

3．ＯＦの構成

ＯＦは、浮体部、スカート、テンションベルト（テンションメンバー)、錘、接続部、アンカーポイントから構成され、付属品として、曳航用アダプター（bridle）等がある。

図2－5　構造図

トップテンション TT　　　　ボトムテンション BT

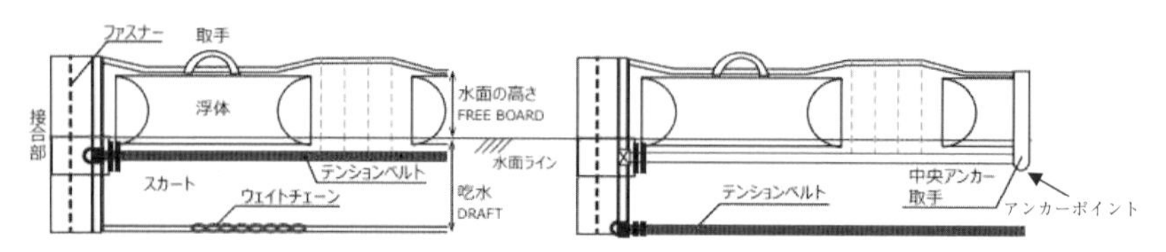

（1） 浮体部

浮体部は、ＯＦの浮力を確保し、波による海面の動きに追従する役割がある。固形式は円形断面の発泡スチロール、充気式は空気が浮力となる。固形式Ｂ型の場合の一例として、ϕ30×90cm ×15個（0.057m^3×15個＝0.85m^3）の浮体が浮体部単体（20m）の中に、又充気式Ｂ型は1.4m^3（$20\pi r^2$）の加圧した空気が入っている。浮力が不十分又は風浪が強くなると、波への追従が弱まり、波が上部を乗り越える、又は浮体が水面下に沈むことがある

（2） 浮上部

水面から浮体上部までの高さで、堰き止めた油の乗り越えを防ぐ。ＯＦが風の影響を受ける部分、フリーボードとも呼ばれる

（3） スカート

浮体部の下から錘までの部分で、油の漏出、潜り抜けを防ぐ役割がある。固形式と充気式は、フレキシブルな布地（PVC-coated polyester 等）で、衝立式は浮体部と一体の板状の材質が使われる

（4） テンションベルト

ＯＦには潮流等により水平方向に強い張力（引っ張り強さ）が作用する。この張力を受ける部分がテンションベルトで、テンションメンバー、補強材又は引張部材とも呼ばれている。この材質として、布地のベルトが使われているが、その取付け位置は、**図2－5**に示す様に、スカート上部の場合（トップテンション 以下ＴＴと呼ぶ）とスカート最下部の場合（ボトムテンション 以下ＢＴと呼ぶ）がある。日本ではこの TT が普及しているが、その理由は、前述の法規には取り付け位置についての記述はないが、日本船舶標準協会[33]規格 JMS0992-1974オイルフェンスの接続部にあたかも構造を暗示するような図面があり、法規による規定と曲解していた人が多かったのかも知れない（後述するが、TT では BT と比べ著しくＯＦの滞油性能が劣り、欧米のＯＦに TT は見かけたことがない）。

（5） 錘

ＯＦを展張した時、垂直方向に浮くようにスカート下端に、海水比重より大きなチェーン等の錘が取り付けられる。一般的に、ＴＴでは約１～1.7kg／m の錘が取付けられるが、流速が25cm／s 程度で錘もスカー

トとともに浮き上がる。

同じ条件で、ＴＴとＢＴをＵ字曳航した時のスカート部の状態は**図２−９**の様になる。ＢＴでは、水流の分力が錘の役目をし、錘は不要又は軽くすることができる。

（６） 接続部

一般的にＯＦは、20mを単体に複数接続して展張される。接続は、**図２−６**に示す様に、ファスナー（ジッパーとも呼ぶ）とテンションベルトを接続する２工程が必要で、この作業は主に陸や船上で行うが、海上に浮いた状態で行う事もある。我国では、接続部の形式について、Ａ・Ｂ型については、「重ね合わせファスナー式」に規定され、前記規格JMS0992-1974は、接続部の構成、性能、構造、材料、検査等の規格についてきめ細かく定めている。なお、C、Ｄ型については法規も規格の定めもない。なお、ファスナーは、経年劣化すると開閉が非常に困難になり、砂が絡むと装脱着が困難になり時間を要する事があり欧米人には不評である。欧米ではワンタッチのアルミニューム製を使い、ファスナーを使うＯＦは見たことがない※。

※米国はASTM（米国材料試験協会）でOF、接続部の構造について基準を作っている[31]。

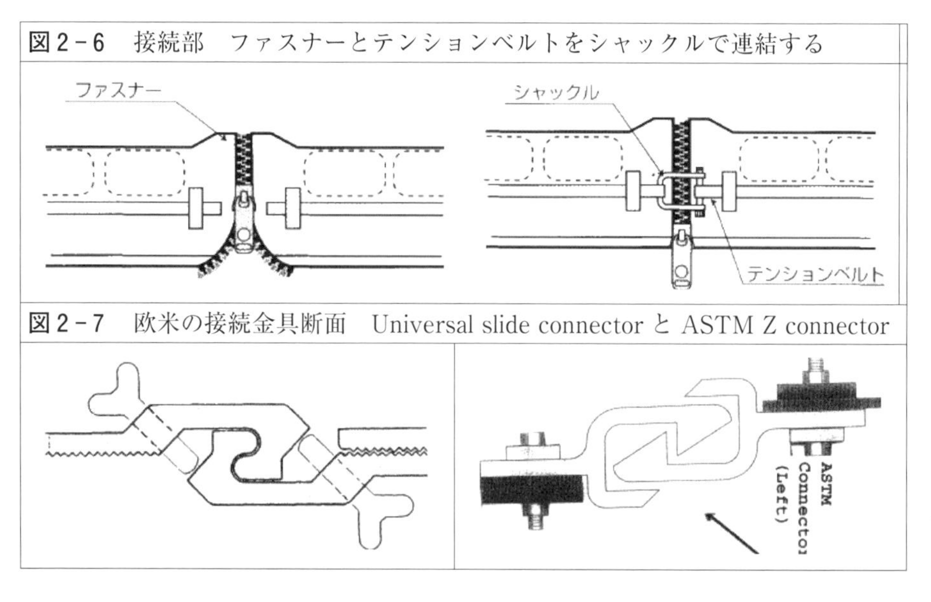

図２−６ 接続部 ファスナーとテンションベルトをシャックルで連結する

図２−７ 欧米の接続金具断面 Universal slide connector と ASTM Z connector

（7） アンカーポイント

ＯＦの中央部テンションベルトに、アンカーロープ、係留索を取るためのリング部が設けられる。このリングにロープをとり形状を作る。法規で義務付けられたものでないため、安価なＯＦには取り付けられていない。

（8） ブライドル

ＯＦの端部にアタッチメントとして取り付けて、海上への引き出し、曳航の補助具として使われ、曳航アダプターとも呼ばれている。後述のブームベィンでも使われている。

図２－８ ブライドル

写真の左端をＯＦ端部接続部（コネクター）に取り付ける

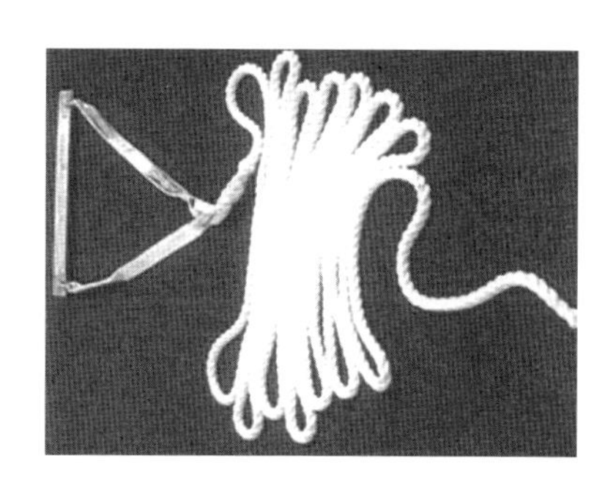

４．ＯＦの性能

ＯＦには、流出油の防除活動の時に、大量の油を堰止める能力が求められる。これが滞油性能で「一定の海象条件下（風速、潮流、波高等）において、一定の質（粘度、比重）の油が単位長さのＯＦでせき止められる油量」で表現される[34)]。

（1） ＴＴとＢＴの性能対比

滞油性能は、同じサイズのＯＦであっても、ＴＴとＢＴでは大きな違いがある。ＴＴは、潮流が弱い時は滞油性能が維持されるが、流速が約25cm／ｓを超えるとスカートが**図２－９、13**の様に浮上して滞油性能をほぼ失う。

一方、ＢＴはこの程度の流速では問題はなく、錘としての金属も原則不要で、浮力が大きい、軽い、擦り切れがない等維持の面でも違いがある。実務者は、この事実と対策を考えなければならない。有効喫水率（**図**

2-10に示す dl／d）は滞油性能を示している。

図2-9　海上実験（横須賀）ＴＴ型とＢＴ型　曳航速度約0.5ノット（26cm/秒）

図2-10　図解 ＴＴとＢＴ　　d 1: 有効水深　 d: 喫水

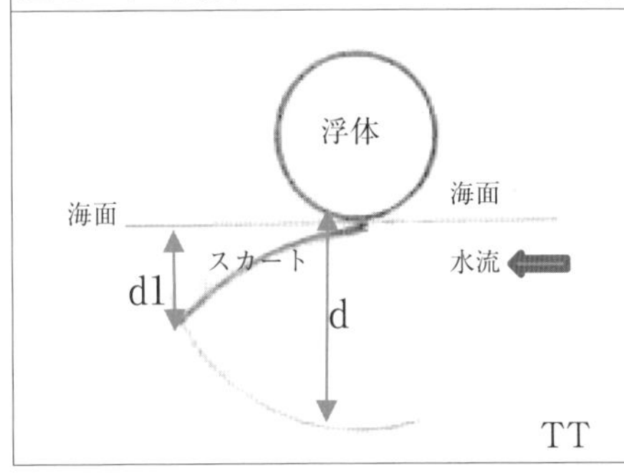

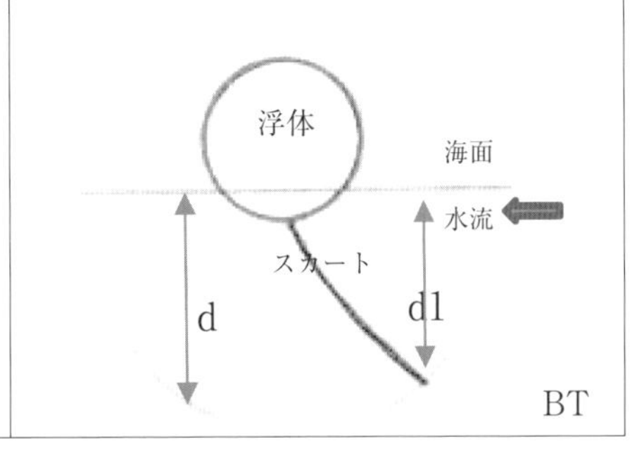

（2） 浮力（Buoyancy）は、滞油性能に関わる重要な要素で、次の視点から考える。

① 総浮力（Gross Buoyancy）
ＯＦ全体を水中に沈めたときの相応する清水の重量

② 総浮力比（Gross Buoyancy to Weight Ratio）
総浮力をＯＦ重量で除した数値

③ 実浮力（Reserve Buoyancy）
総浮力からＯＦ重量を差し引いた重量、カタログに表示される

④ 実浮力比（Reserve Buoyancy to Weight Ratio）
実浮力をＯＦ重量で除した数値、カタログなどはＢ／Ｗで表示

している

これら浮力の視点から、現在普及しているＯＦを対比すると、**表２－４**の様な違い・特徴が分かる。

表２－４　浮力対比表（日本のＢ型固形・充気式と衝立式各々20m）

	ＴＴ	ＢＴ	充気式	衝立式
①重量　kg/20m	72	50	74	82
②総浮力 kg 注）	855（57kg ×15個）		1413（20π r^2）	162（5.8kg ×28個）
③総浮力比	855/72=11.8	855/50＝17.1	1413/74=19	162/82=1.9
④実浮力　kg	855-72=783	855-50= 805	1413-74=1339	162-82=80
⑤実浮力比　B/W	783/72＝10.8	805/50＝16.1	1339/74=18.1	80/82＝0.98

注）総浮力は、フロート浮力×個数で計算した概算値　カタログから

（３）　転倒性（Roll Response）

潮流、風浪を受けると、ＯＦは傾き易くなりスカートの下又は浮体の上から油が漏出する。浮体とスカートが一体、非フレキシブル（硬い）、Ｂ／Ｗが小さいことが要因

図２－11　転倒性（Roll Response）
潮流又は曳航、風により転倒、吃水、浮上部を減じ滞油性を喪失する

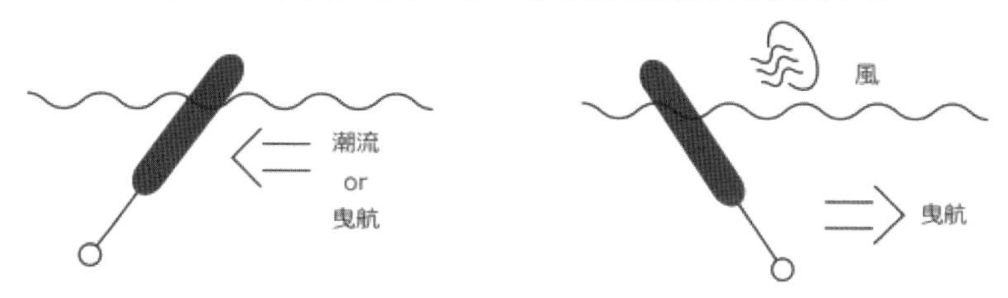

（４）　追従性・波乗り（Heave Response）

波があっても、ＯＦは波に追従して浮上部高さ（フリーボード）が確保されることが必要で、もし、波の下に沈むのであれば、油は乗り越える。これは実浮力の不足、錘が重過ぎる事が原因と考えられる。Ｂ／Ｗの数値の大きさは追従性・波乗りの良さを示す指標とされている。

図２-12　追従性（波乗り）が良くない　　　　（波乗り）が良い

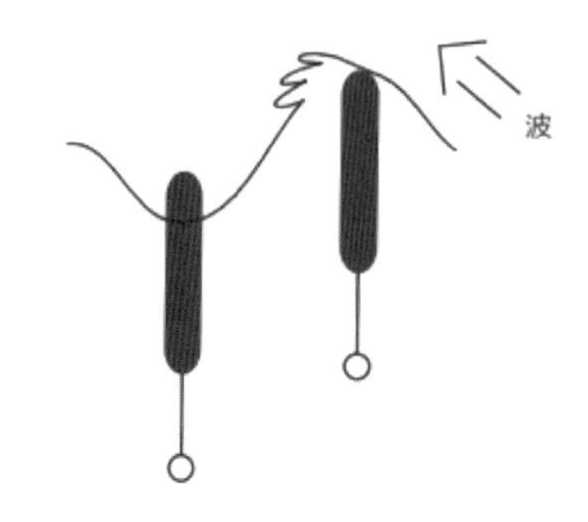

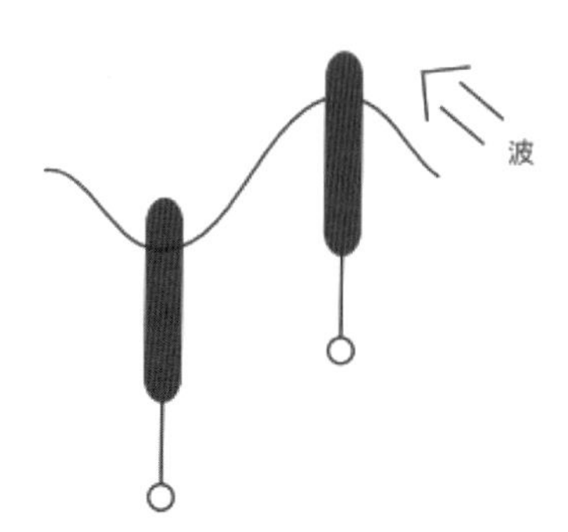

５．ＯＦの種類

（１）　固形式ＯＦ

浮体部に、円筒形の発泡スチロールを内蔵させて浮力を確保する[35)]。浮体は巻取機の回転ピッチに合う様に、長さと本数が決められるため、外見上凸凹の連続になっている。充気式ＯＦと長所短所を比較すると

長所

・展張が簡単
・沈むことはなく安定した浮力が維持
・少々の破損でも機能が維持され、使用不能になる事は殆どない（図２-13）
・軽く、安価
・保守も比較的容易

短所

・収納時の容積が、充気式と比べ約６倍に、保管、輸送に影響
・浮力が充気式と比べ40％程小さい
・表面に凹凸があり、巻取機は大型になる

図2-13　破損した固形式ＴＴ型
浮体部の一部が破れ、浮体１本が抜け出している。浮体は銀色のビニール袋に入れられている。
スカートが浮上している

（２）　充気式ＯＦ

浮体部の気室に空気をいれて浮力を確保する。空気を入れる（充気）方法は、展張時に送気ホースを給気口に取り付けブロワーを運転して行い、大気圧より0.05気圧程度加圧して気室内に送気する。 排気はブロワーの逆転又は排気弁の開放により行い、排気状態の気室は平板の様になる。気室の一単位あたりの長さは５ｍ、20ｍ、100ｍ、300ｍとメーカーにより様々で、複数の気室をホースで連結するものもある。欧米では、加圧式の他に常圧式が市販されていて、常圧式は浮体部に金属スプリングを入れて、容器から引き出す時に、フリーになったバネの力で気室に空気が入り、収納時は容器に入れるとバネが抑えられる。更に気室内に螺旋状に細い高圧ホースをバネの様に取り付け、展張にあわせ高圧空気を送ると気室が膨らみ、気室に大気圧の空気が入り浮力確保するものもある（90頁、図２-41-８）。

固形式ＯＦと長所短所を比較すると

長所

・浮力が固形式と比べ40％程大きい

・保管時の容積が固形式と比べ20％以下、リール保管、運搬がコンパクトにできる

・小型でシンプルな巻取機が使える

・表面に凹凸がなく、清掃が容易

短所

・充気のためのブロワー、ホース等が必要、付帯作業が多い

・気室の僅かな損傷や取扱いのミス等により空気が漏出し，使用不能になる。

　時に海底まで沈むこともある（これはしばしば起きた、その覚悟が必要）

・固形式より重い（浮体を二重構造にするためで、一般的に15％増）

・展張を行っている間は常に監視、平時も定期的な充気点検が必要

・高価

図２−14　固形式　巻取機
（Ｂ型320ｍ）

図２−15　充気式巻取機
（Ｃ型250ｍ）

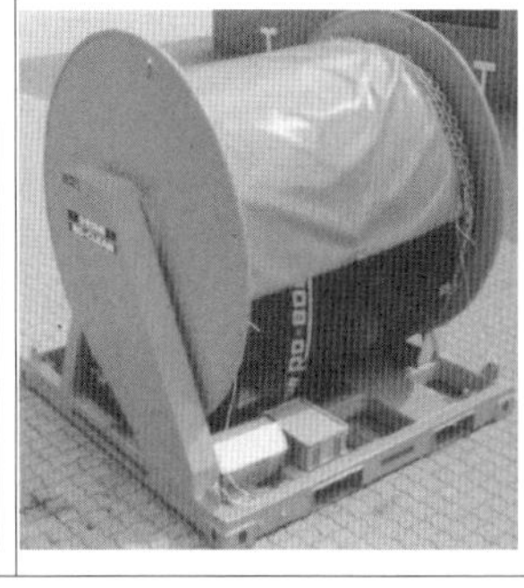

2.1×1.8×
ϕ1.8 m

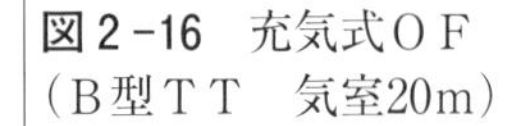

図２−16　充気式ＯＦ
（Ｂ型ＴＴ　気室20ｍ）

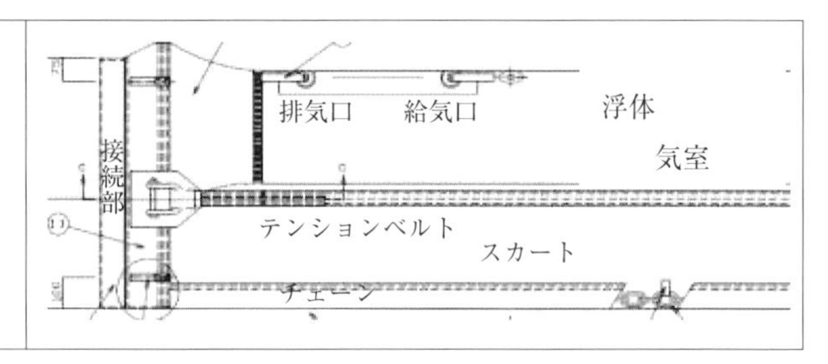

（３）　衝立式ＯＦ

　一般的な固形式に比べると断面が板状のため保管時の容積比は少さい。リール巻きに適しているが、浮体からスカート中部まで一体の発泡板等を使っているため、重心が高くなり、浮力が小さく、風浪への追従性が弱く、横からの風や波を受けると倒れ、有効水深も少なくなる弱点がある。従って、風、波と潮流の弱い平水域用のＯＦになる。又、錘も重心を下げる為に重くしている。

図２-17　衝立式ＯＦ

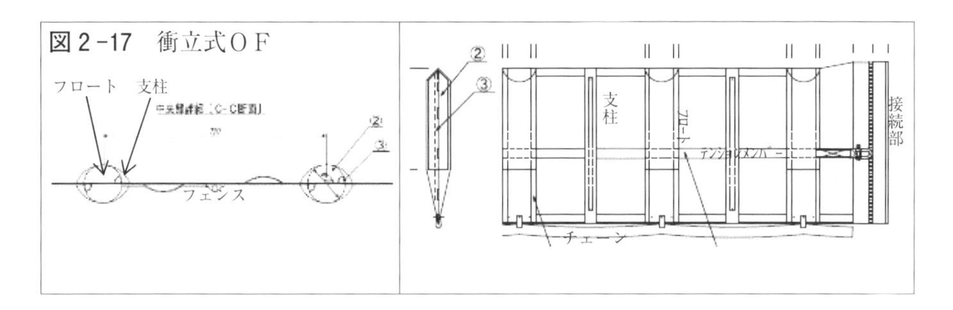

表２-５　各種Ｂ型ＯＦ20ｍの比較（重さ、容積、荷姿）

種　類		重さ（kg）	浮体容積（浮力）（m^3／20m）	梱包寸法（荷姿）縦×横×高　cm
固形式	ＴＴ	72	0.85	95×123×120
	ＢＴ	50		
充気式	ＴＴ	74	1.4	70×120×30
衝立式	ＴＴ	82	0.16	75×87×85

（４）　耐火式ＯＦ（Fire-resistant boom）

2010年米国メキシコ湾で発生した原油掘削リグ爆発・大規模流出事故（資料１-59）では、流出原油の現場焼却（In-situ burning）のため、随所で使われた。高耐熱素材が使われ、海面火災だけでなく非火災事故でも使われるが、高価である。

米国では、この事故を契機に普及しているが、日本では現時点で輸入されたものが防災機関で保有されている。1965年室蘭での原油タンカーヘイムバード号の爆発・海面火災では、木材を連結して耐火ＯＦとして使った事例がある。

図２-18　耐火式ＯＦ

2010年４月　メキシコ湾原油暴噴事故で行われた現場焼却

（５） 集油ＯＦ

大型集油専用のＯＦが石油連盟の千葉、倉敷、四日市、稚内基地に配置されている。ＯＦの底の部分は大きな袋状になって約70m^{3}の集油量があり、その前方に小型ＯＦを接続しているため、最大５ノットで曳航できる。底の袋部に溜まった油は、堰式スキマーを別途投入して回収するとメーカーは語っている。

図２-19 大型集油フェンス（充気式）NOFI　BUSTER４（開口50m）
曳航速度max５ノットＯＦ底部に油70m^{3}の集油が出来る　スキマーを袋部に投入

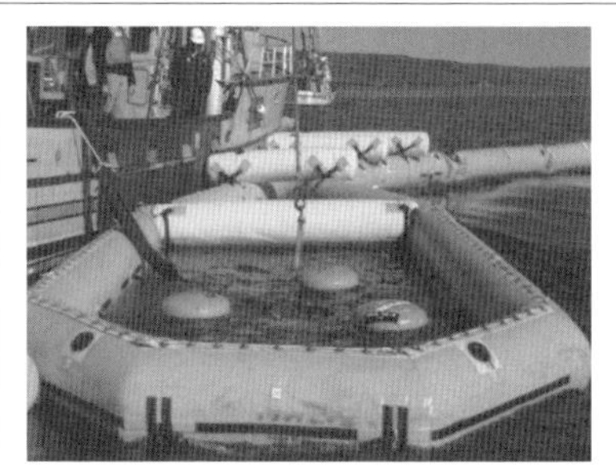

６．展張の手順

ＯＦは様々な場面で使われるが特に、汚染域を拡大させないために、流出源を包囲、油帯の先端からＵ字内に包み込む様な展張を行うことは初期活動の要になる。一般的に展張は、次の（１）～（３）の順で行うが、潮位・風・潮流が数時間の周期で変化することも念頭に、臨機応変に対応できるようにしなければならない。表６は展張時の点検項目とその内容を示す。

（１） 情報把握

流出した油の種類と量、油の現位置、干満と潮流、周辺の地勢、養殖場、サンクチュアリー、海象を海図やＥＳＩマップ[36)]等を使って把握する。

（２） 体制の確立

責任者は、使用可能なＯＦ、マンパワー、作業船、回収油の集積等について確認しチームを編成し、関係者に展張目的を周知して洋上作業を実施する。初期展張作業が終了した後は、良好な状態を維持するため監視し、潮流の変化などがあれば二重展張、一部張り直し等即応できる体制を維持し、夜間にＯＦの上を航行する船舶に備え照明も必要となる。更に揺れる甲板上は狭く、油で汚れた状態にありロープ、アンカー等作業上の注意、救命胴衣着用の確認等、ロープに巻き込まれ船から海中転落しない様に労災事故の防止に万全を尽す。

（３） 展張　次の様な方法で実施する

① ＯＦ搭載船が航走しつつ展張（ＯＦ用のアンカー投入→展張→アンカー投入）

② ＯＦ搭載船がＯＦの一端を持って停泊、他船が引き出し展張（アンカーとロープを渡す→展張→アンカー投入）

③ ＯＦ搭載船が中心点で停泊、他船でＯＦの半分を引き出し展張、目的点へアンカー投入、その後自船は航走しつつ展張する。この方法は、数百～１千メートルと長い展張時に行う。ＯＦが長くなると途中でアンカー取り付け等の付帯作業が必要となり、これらの作業はＯＦ搭載船の甲板上で行う。

④ 小型作業船２隻でＯＦをＵ字型に曳航して集油する。これは、事故現場で頻繁に行われる方法で、集油と回収は同時に計画しておく。

表２-６　展張点検表

点検項目	点検内容
ＯＦの種類	Ａ型Ｂ型Ｃ型その他　　ＴＴ又はＢＴの確認
目的	回収、誘導、包囲、閉鎖
形状	Ｕ字型、直線、Ｊ字型
長さ	200m，400m，600m以上
固定	アンカー、岸壁、作業船
作業船	必要　　隻、不要（大型アンカーの場合、揚錨船が必要）
潮流変化	ない、１回／日、２回／日、強い・弱い
属具	ロープ、チェーン、アンカー、ブイ
油の回収等	油吸着材、スキマー、回収船、強力吸引車、油処理剤その他

７．形状の作成　　次のような形状で展張される

図２-20　ＯＦ展張図

	目　的		略　図
①	包囲･保護	・桟橋や船の流出源を包囲 ・取水口や湾内への流入を防ぐ ・生簀等を守る	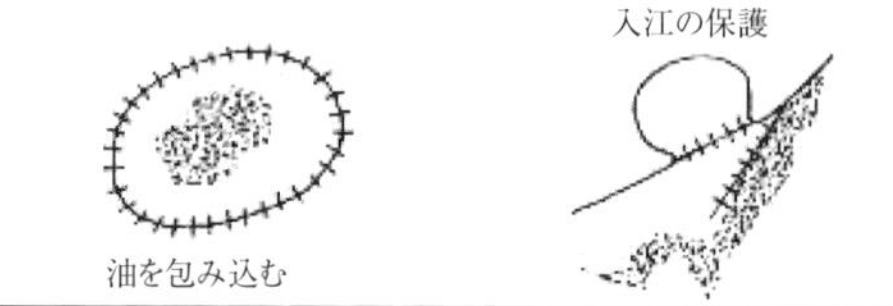 入江の保護 油を包み込む
②	集油･回収	・Ｊ字展張 ・Ｕ字曳航 ・下流で油を待ち受ける	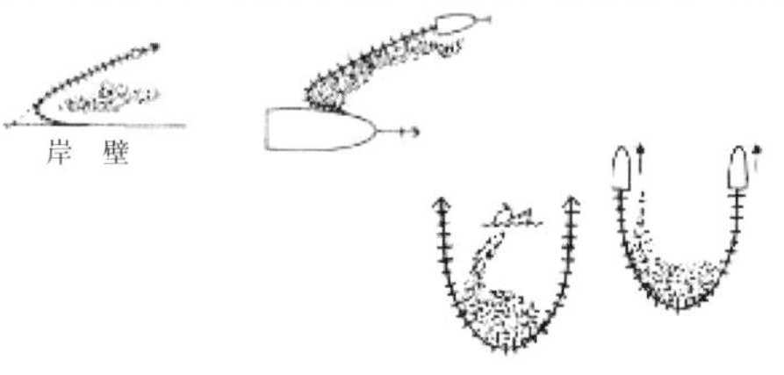 岸　壁
③	誘導	・油の流れをある方向に導く ・漂着域を限定させる	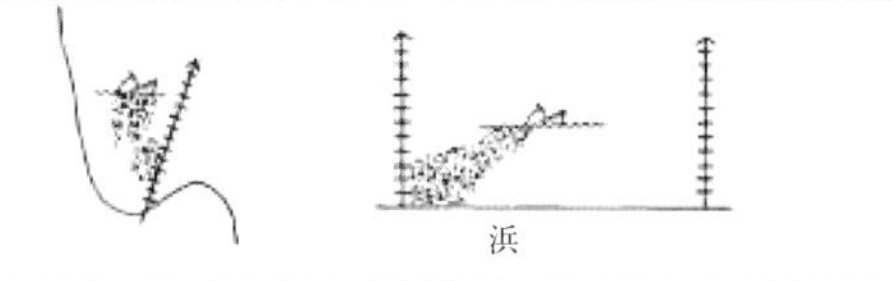 浜
④	閉鎖	・潮流や風の変化があっても 　油を保持する	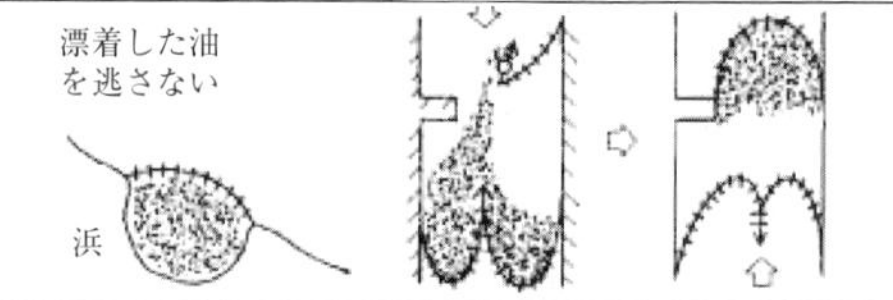 漂着した油を逃さない 浜
⑤	二重	・一次ＯＦから漏れる油を考慮し、底部間隔を１ｍ程開けて展張する	
⑥	海浜展張 ③を再掲	・海岸とＯＦの接点に大型土嚢を数個、突堤の様に設置して、回収の拠点にする。潮流の変化に対応できるように１００ｍ 程離して２本展張とする。	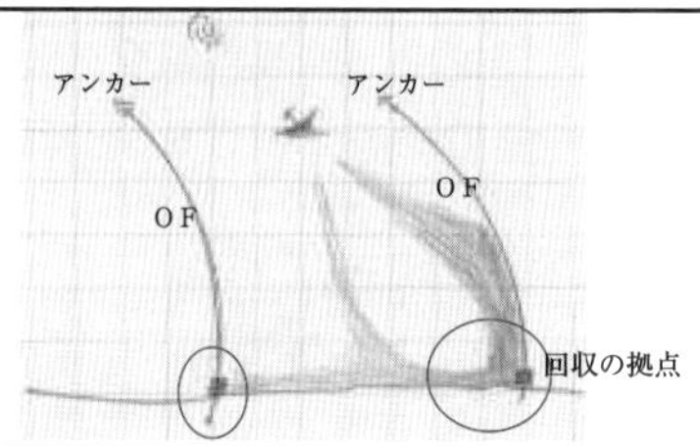 アンカー　アンカー ＯＦ　ＯＦ 回収の拠点

8．ＯＦの固定

展張したＯＦには、潮流等による張力が作用するため、形状の維持のため、端部を固定する必要がある。固定の方法は、海上ではアンカーや作業船、陸側では専用取付け金具や岸壁上のビット等を利用するが、長時間展張するときは、風潮流の変化を考慮しておかなければならない。一般には、次の（１）～（２）の様な固定法がある。

（１） 錨による固定

① 錨一式の仕様

ＯＦ係止用の錨にはダンホースアンカー等が用いらる。錨の大きさは、ＯＦに作用する張力と錨による把駐力※を概略計算して決めるが、人力で回収のできる錨の重さの限界は、30kg 程度である。錨の投入は、作業船船首部にロープで吊り下げて行うと、相当大きな錨も使えるが、100kg 以上の重い錨の場合は揚錨船などが必要となる。錨にチェーンを取り付けることで、下図の様なカテナリー曲線ができる。**図２-24**は、アンカーの種類を示す。

図２-21 一般的なアンカー仕様

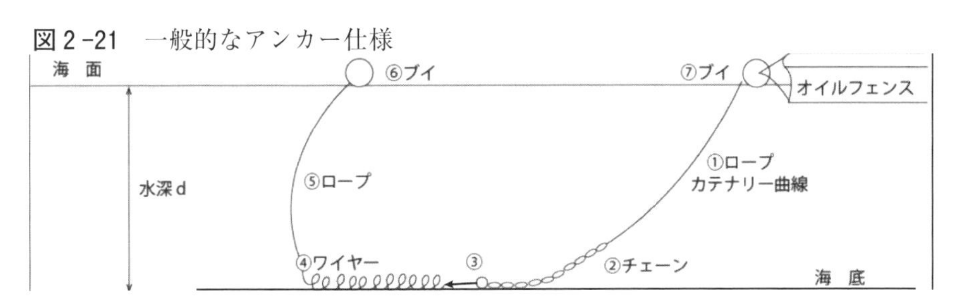

❶ 幹ロープの長さは、２～３ｄ位を基準にする。太さはオイルフェンスの種類、長さにより変わるがＢ型では16mm φ位を、Ｃ型では20mm φ位のロープを使用する。又海水より比重の大なるものの方が良い。

❷ チェーンは、アンカーの効きを良くするため、長さ２～５ｍ、太さ８～16mm

❸ アンカーの大きさは、ＯＦに作用する張力などから判断

❹ ワイヤーは、重いアンカーを使用する時引き揚げ作業（揚錨船を利用）

のため必要、長さ1.5ｄ、12mm φ程度を使用する（人力で揚げる場合は不要）。

❺ ロープは、ワイヤーの先取り用で、太さ14mm φ程度の雑索を用いる。

❻❼ ブイは、ロープの先端に取り付ける。各々色違いにすると識別がしやすい

② 実例

ａ．アンカーが小型（30kg 程度まで）、人力で投入、回収する場合、水深が浅く、潮流の弱い場合の基準で、潮流が強い場合チェーンを長めにする

図２−22

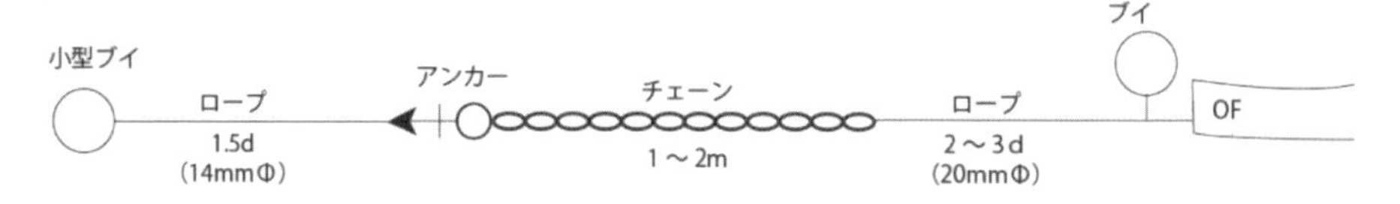

ｂ．大型アンカー（30kg 以上）では、機械、揚錨船利用、水深が深い場合、

図２−23

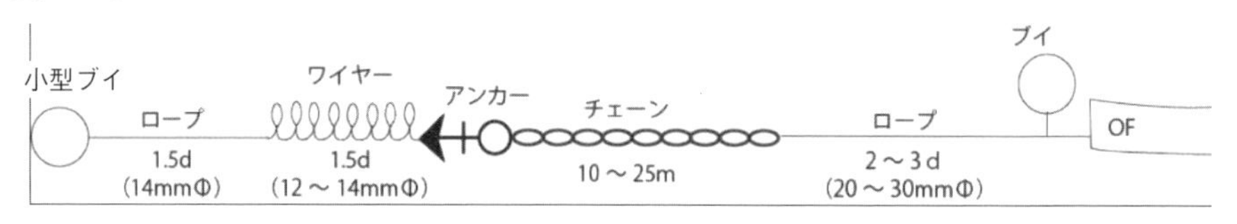

図２−24 アンカーの種類と名称

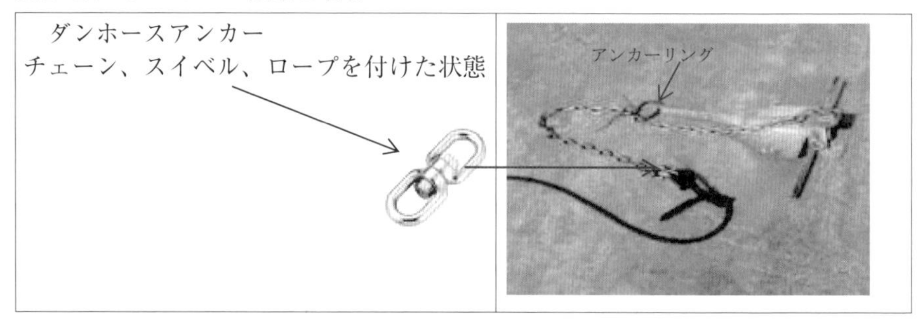

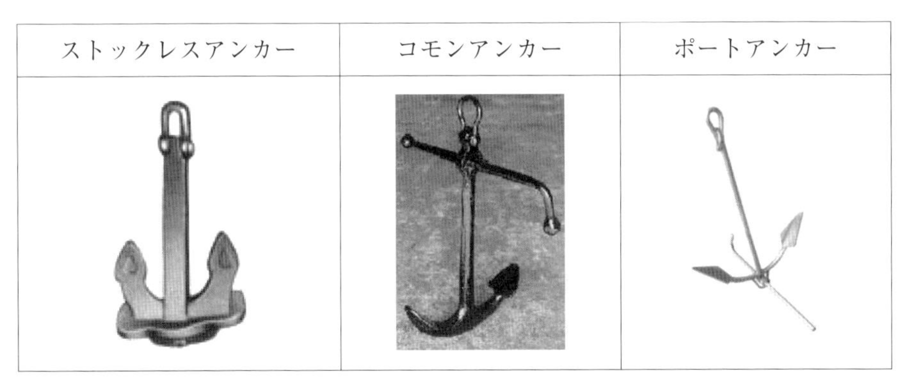

※　把駐力Ｆは次の計算式で推定される

$$F=\alpha W_1+\beta W_2\times L$$

$\alpha\ \beta$：把駐力係数
W_1：アンカーの水中重量（0.87×空気中重量）
W_2：チェーンの単位当たり重量（0.87×空気中重量）
L：チェーンの長さ

表２－７　把駐力係数と底質

	粘土	硬泥	砂泥	砂	砂礫
α	2	2	2	3～4	3～4
β	0.6	0.6		0.75	0.75

（出典：造船便覧第４版）

（例）30kg ダンホースアンカー　チェーン３ｍ（６kg）、砂の場合
　$F = 3\times0.87\times30+0.75\times0.87\times6=82$kg

（２）　岸壁で固定
　①　専用金具
　専用金具が設置されている岸壁では、ＯＦの端部を金具に接続させて展張する。端部は、潮の干満に合わせ自動的に上下する２タイプ（下図のａとｂ）がある。

図２−25　専用金具（岸壁側）タイプ　a	専用金具タイプ　b

図２−26　端部宙づり 潮の干満を考慮しないと干潮時に端部が宙吊りになる。 この種宙吊りになる事例は意外と多く、油は岸壁に沿ってＯＦの下を移動する 写真 ITOPF 資料から	

②　専用金具がない場合

港内で発生した流出油事故では、岸壁に沿って油が移動する事が多い。油の拡散を抑えるため、岸壁にＯＦの端部を密着させる必要がある。専用金具のない岸壁では、**図２−27**の様にロープと錘を利用して岸壁に密着させる。この場合、干満の潮差と潮流の変化を考慮しロープに余裕を持たせる（このロープ仕様を間違えると**図２−26**の様になる）。

図２-27

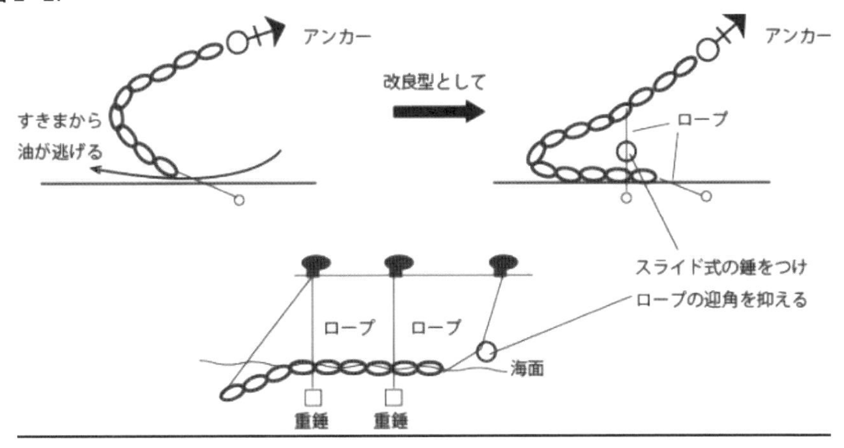

９．ＯＦの限界

ＯＦは、海象が厳しくなると能力に限界が見えてくる。ＯＦ内にたまった油はスカートの下から潜り抜けたり、浮体の上を乗り越えたり、またＯＦが破損することもある。実際の使用に当たっては、気象予報や潮汐表を確認して、その効果は数時間しかない事を前提に展張と油の回収作業を行い、嵐の前にはＯＦは撤去する。

（１） 潜り抜け現象（Entrainment Failure）と流速

平穏な海面で理想的な展張により溜まった油は、潮流が或る流速を超えると

ａ．油と水の境界面に波が発生する（界面波という）

ｂ．境界面の油は剥離、油滴となってＯＦのスカートの下部からくぐりぬける

この現象は「潜り抜け現象」と呼ばれ、この時の流速が臨界流速（critical velocity、以下CV）で、一般的には0.7ノット（36cm／s）位で、CV値は低粘度油の時高粘度油より低くなる（Ａ重油とＣ重油の対比では、Ａ重油の方が潜り抜けやすい）。

ＯＦがＵ字型の時、その底部がCV状態であるとしても、ＯＦ端部寄

りの部分は水流を斜めに受けるため、CV 以下の状態になっている（**図２-33**)。この「潜り抜け現象」対策としては、ＯＦを１m程離して多重展張するか、油吸着材を底部に投入する。過去に行った日本の水槽実験（C重油相当油を使用）では

ＢＴの場合、潮流が30cm／sを超えると「潜り抜け現象」が発生、ＯＦの滞油性の限界を示した。この段階で油の回収を進めなければならない。二重展張するとその間に油が滞留して滞油性は改善されるが、その最適間隔は**図２-34**に示すように１m程[37]であった。

ＴＴの場合、20cm／s位でスカートが浮上するため「潜り抜け現象」は確認されていない。**図２-32**は、流速とＯＦの滞油性能の関係を示す概略図である。

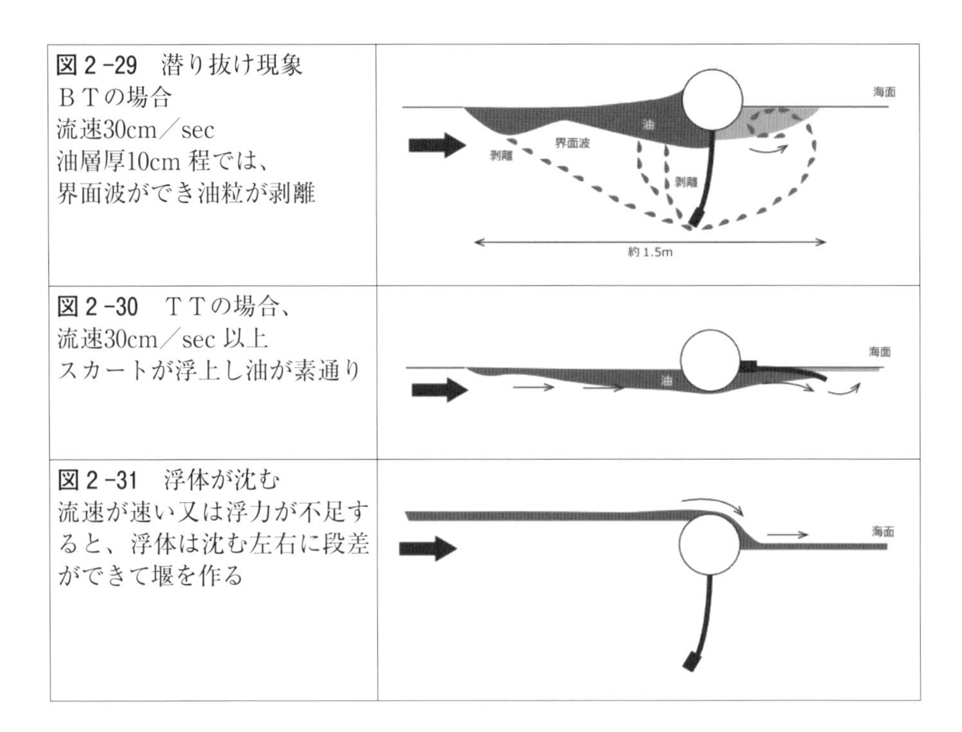

図２-29　潜り抜け現象
ＢＴの場合
流速30cm／sec
油層厚10cm 程では、
界面波ができ油粒が剥離

図２-30　ＴＴの場合、
流速30cm／sec 以上
スカートが浮上し油が素通り

図２-31　浮体が沈む
流速が速い又は浮力が不足すると、浮体は沈む左右に段差ができて堰を作る

図２-32　流速とＯＦの滞油性能　　　単位：cm/s（knot）

	静水	15.4（0.3）	15.4～25.5（0.5）	25.5（0.5）～
TT	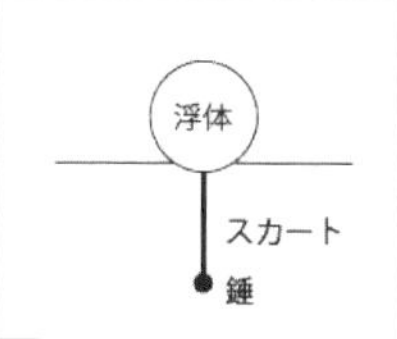 浮体 スカート 錘	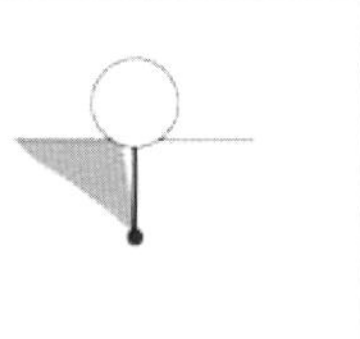	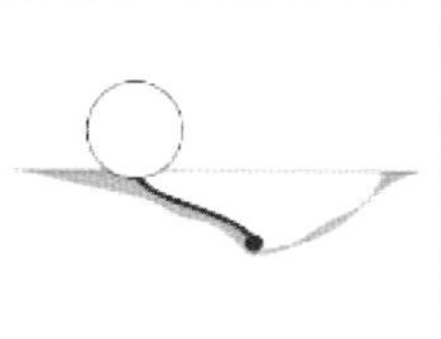	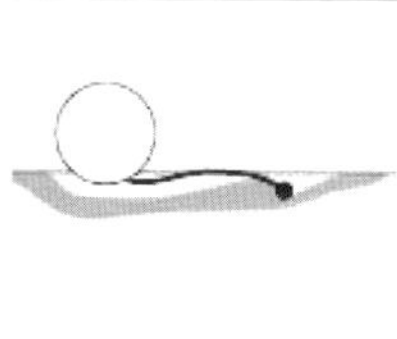
BT	 浮体 スカートが不安定	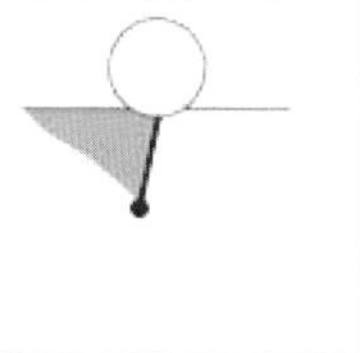	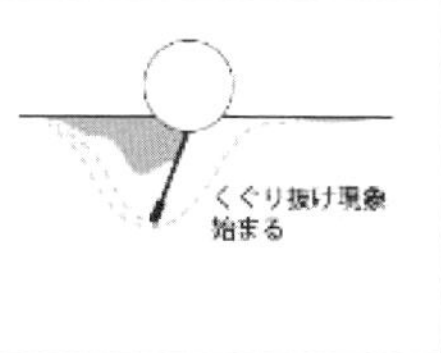 くぐり抜け現象始まる	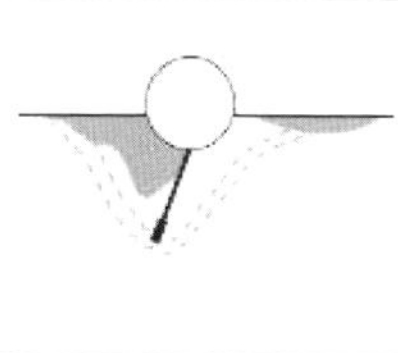

図２-33　臨界流速の変化
（ＢＴの場合）
ＯＦの水流に対する角度による潜り抜け現象の変化を示す
水流に対し
40度の時、CV は１ノット、
直角の時（U 字曳航では底部）CV は0.7ノット
（ＯＦが直線に展張出来たと仮定した計算値をグラフにしたもの）

出典　World Catalog[31]

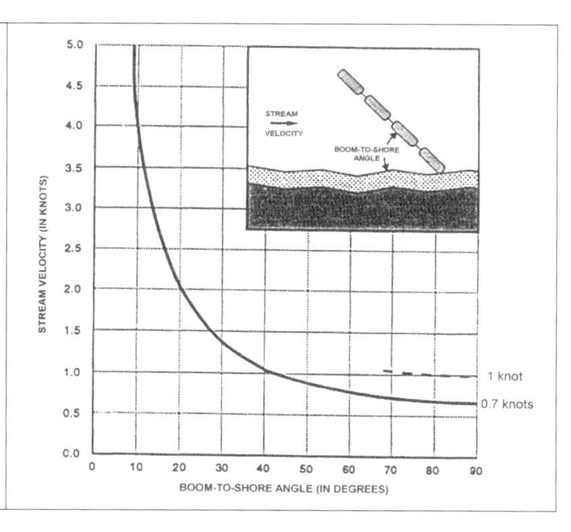

図２-34　二重展張[37]

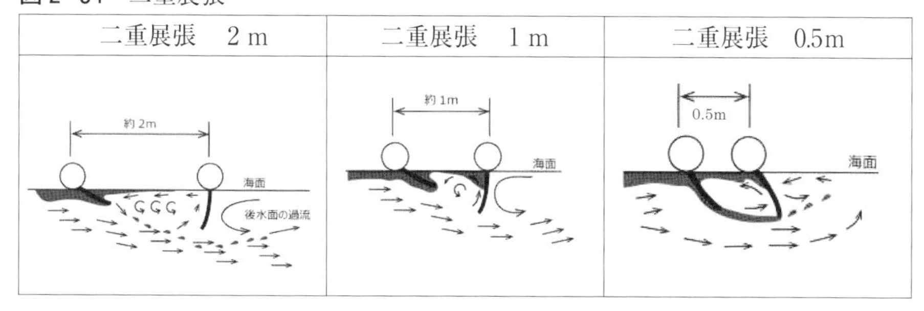

（2） 乗り越え現象（Splash over）

波がＯＦを乗り越える現象で、実浮力が不足又は波長Ｌが波の高さＨの10倍以下の時に発生すると言われている。

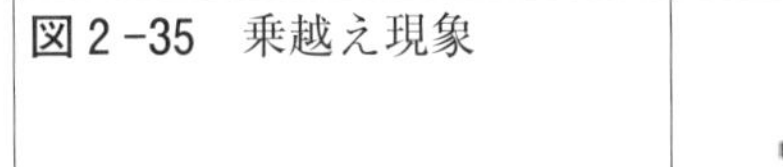

図2-35 乗越え現象

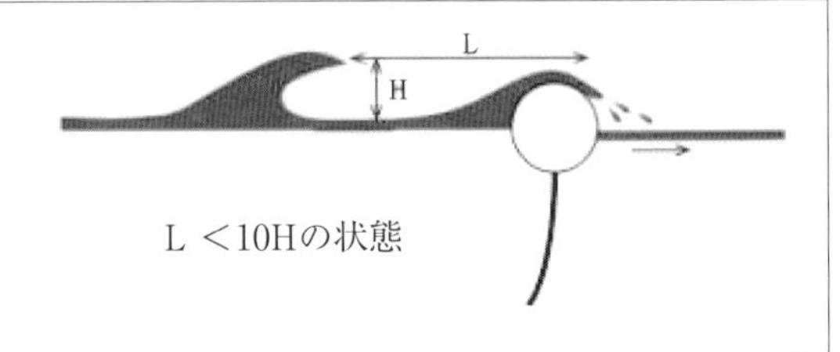

（3） 破損

展張したＯＦと障害物の接触、又は経年劣化により強度を失っている、又は設計値以上の張力が働いた場合には破損する。

図2-36 ＯＦ破損

座礁船の周囲を包囲したＯＦは、翌日の時化で破壊され、船体に複雑に絡みついてしまった。
ＯＦのアンカー止めが困難な外洋の場合、海象の変化が大きくＯＦの運用は難しい

(資料2-23)

10. ＯＦの張力

ＯＦを展張すると、その長さ方向には風、潮流、波による張力がかかり、ＯＦが長く、風潮流が強く、波が高い程この張力は大きくなる。日本のＯＦの殆どはこの張力を繊維製のベルトで持たせているが、欧米では、スカートの下のチェーン又はワイヤーロープで持たせている。これらのＯＦにかかる張力はテンションベルトを中心にして分布している。また、ＯＦをＵ字型に展張した場合、

ＯＦにかかる張力は

・開口比（D／Lで表される　LはOFの長さ）

・潮流が早い　・大型　　になるほど大きくなる。

図２-37　開口比

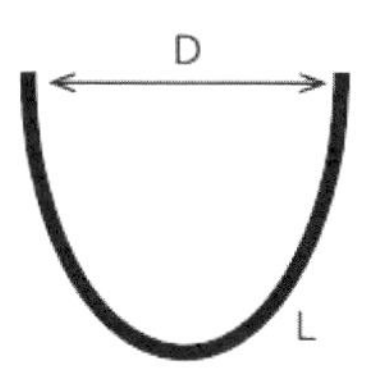

張力は、風と波を考慮しない場合、次の式で計算される。

$$W_1 = 1/2 \cdot \rho_w \cdot C_D \cdot DR \cdot U^2 \cdot K_C$$

W_1 ：　ＯＦ　１ｍ当たりの圧力（kg）

ρ_w ：　海水の密度　（=1030kg/m^3）

C_D ：　抗力係数　（=2.01／9.8・・kg換算のため9.8で割る）

DR ：　オイルフェンスの喫水

U ：　流速

K_c ：　オイルフェンスの有効喫水率（図２-10）

Ｂ型ＯＦ（ＢＴ）を、曳航速力１ノットで曳航の場合

W_1 ＝ 1／2 ×1030×2.01／9.8×0.4× U^2 ×1.0

＝42.3× U^2 （Ｕが１ノット、0.514m/s）

＝11.2（kg/m）

（例１）ＯＦ20ｍを１ノット、開口比0.5でＵ字曳航の場合

W_1 ＝11.2×20×0.5＝112kg

（例２）ＯＦ300ｍを１ノット、開口比0.3でＵ字曳航の場合

W_1 ＝11.2×300×0.3＝1,008kg

となり、この張力に耐えられる作業船を確保するか又は開口比を選んで運用する。実際の現場では、波と風も加わり、この張力の１～３割増しの張力となる。

表2-8　抗力係数

例
オイルフェンスＢ型の場合、
20mでは
　　　a/b=20/0.4=50
300mでは
　　　a/b=300/0.4=750
従って、∞の2.01を採用

（出典：フリー百科事典「ウィキペディア」）

物体の形状	基準面積	抗力係数
円　柱（粗面）	$D\ell$	1.0（$\ell > D$）
角　柱	$B\ell$	2.0（$\ell > B$）
円　板	$\frac{\pi}{4}D^2$	1.2
平　板	ab	a/b=1 の場合　1.12 〃　2　〃　1.15 〃　4　〃　1.19 〃　10　〃　1.29 〃　18　〃　1.40 〃　∞　〃　2.01
球	$\frac{\pi}{4}D^2$	0.5～0.2
立方体	D^2	1.3～1.6

11. Ｕ字曳航について

（１）　作業船２隻による場合

ＯＦ200～300mをＵ字形に、開口比0.3位、速力0.5ノット位を基準に曳航して集油する。この時、作業船とＯＦ間のロープは約10m、伸縮性のあるものを選択し、作業船の海面に近い位置でロープをとる。大量の回収を考慮して、作業船の一隻を小型タンカー又はガット船にする事も検討[38]できる。ＴＴの場合は、スカートの浮上を抑えるため、曳航速度を0.1ノット程度まで落とす又はＯＦの底部だけでもＢＴ型のＯＦを選ぶ。

図２-38
Ｕ字曳航
資料３泰光丸参照

（2） ブームベイン（boom vane　以下BVという）の活用

U字曳航には、通常作業船が二隻必要であるが、BVを用いると**図2-39**のように一隻で行うことができる。作業船からBVを海上に下し、ＯＦとブライドルロープとコントロールロープを連結して曳航すると、水流を受けてヨットの様に水流の分力が作業船から離れる方向に作用してU字曳航ができる。更にU字の底部に回収装置又は油処理剤散布装置をＯＦの中間部に装着することもできる（123頁、**図3-66**）。開口比はこのロープで調整する。BVは、ＯＦの形状に応じて、小型から大型までの５機種があり、現在海上保安庁、石油連盟、海上災害防止センターに30数基が保有されている。

図2-39　ブームベイン

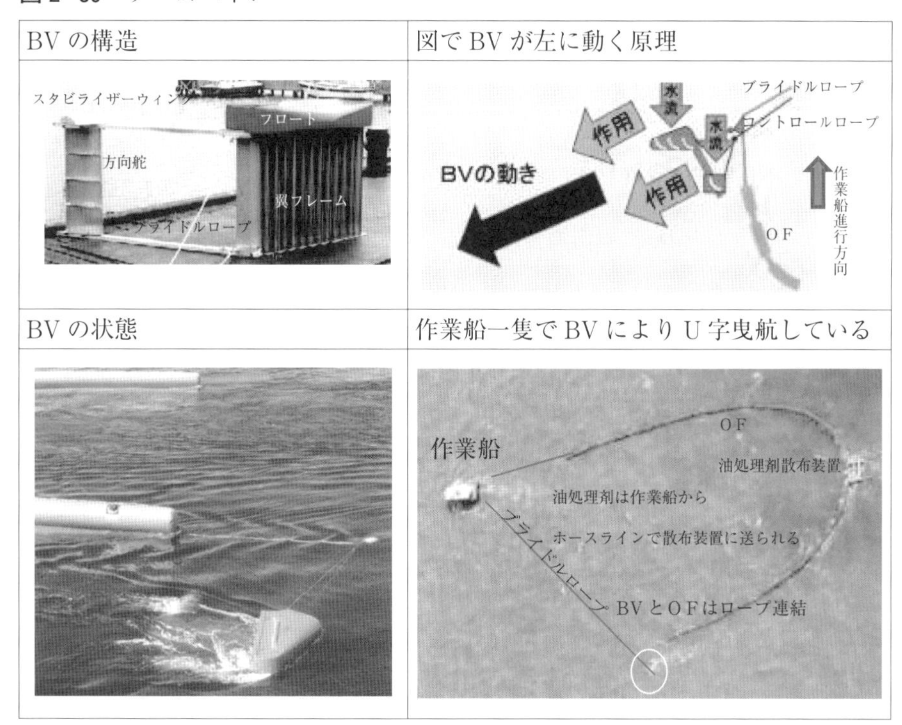

12. ＯＦの使用、保守管理上の注意（メーカーの説明書等から）

（１） 使用上の注意

① 強酸性、強アルカリ性の環境下の使用は避ける

② フロートを無理に水面下で使うと浮体が破損する

③ ＯＦの洗浄では、使う薬剤に注意（発泡体が溶けた事例がある）

④ 浮体と巻取機のリールのピッチが一致しないと浮体が破壊しやすい

⑤ 長期展張の場合は、目視による毎日点検

（２） 保管上の注意

① 保管場所は火気厳禁

② 直射日光の当らない倉庫内又はシートで保護、野晒しにしない

③ 保管場所の温度は常温で、異常な高温や寒冷下では材質が変化する

④ 移動時は、引きずらない、摩耗破損の原因

13. ＯＦ大型と小型の比較

表２－９ 大型（Ｃ型以上の固形・充気式）と小型（Ｂ型ＴＴ）の対比

対比項目			大型	小型	備考
1	使いやすさ、作業性		×	○	付属部品、付帯作業の面から
2	効果	平穏	○	○	港内、外洋でも使い方次第
		荒天	△	×	作業が危険、効果薄い
3	即応性		数時間	１時間以内	事故発生から展張までの時間
4	支援船		専用船	小型作業船	
5	運搬		×	○	距離、車種、横持
6	重量 kg／m		10以上	3.6	
7	人材（経験・理解）		僅少	大勢	
8	メンテナンス		厄介	簡単	
	事例 ナホトカ		×	×～○	大型ＯＦの専用船が少ない
	事例 ペルシャ湾原油		×	×～○	実績面から

○：良好、△：難しい又はやや問題あり、×：不良又は困難（著者の個人的意見です）

図２-40　評価の高い経験として

平成９年　ナホトカ
若狭湾常神半島　小川漁港のＯＦ使用例

地元漁業者は、漁港内の生簀を守るため、西に開口する湾口の南北方向にＢ型数百ｍを直線展張した。風向により、オイルフェンスは東西に凹部状に振れ、凹部に溜まる油をその都度回収、80日間この作業は継続され、ドラム缶９千本の油が回収された。漁業者独自の工夫から、ＯＦアンカーポイントからロープをとり、土嚢と結び海底に降ろした。ＯＦが東西に振る時、ゆっくり土嚢も移動、漁民は、シノと呼んでいた。シノは数カ所に取り付けられていた。
本例は、高く評価される事例となった

油濁基金だより83号
「ナホトカ号油濁奮闘記」に詳細紹介

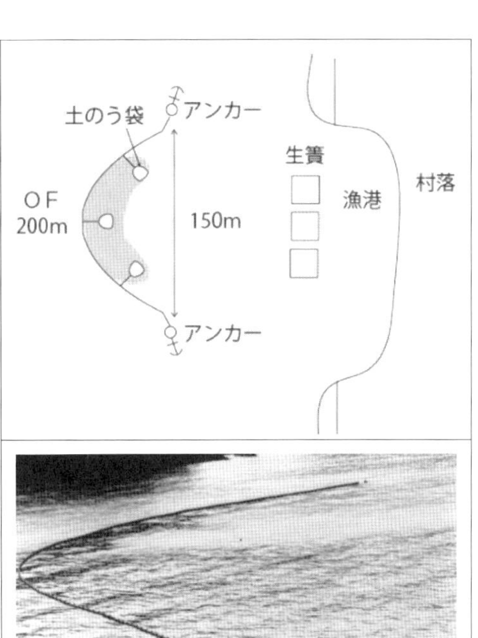

検討

（１）　時化の中では、大型でも無理、性能だけでなく作業も危険である
（２）　大型ＯＦは北海油田等荒天の多い海域での必要性から専用船込みで開発、日本で使いこなせる人は僅かしかいない、更に専用船も僅かで、俄かにタグボートに載せても運用は困難である。過去30年評価さ

れる実績は国内では殆どない
（３） Ｂ型は使用例が多く、失敗も多いが、成功例もある。
（４） Ｂ型を滞油性、接続性の面から改良する（浮力、B/W（66頁参照）を大きくし、ワンタッチの接続部にする等）
（５） Ｂ型のＵ字曳航用を作る（底部浮体部に付加価値を持たせる）

14. 欧米のＯＦ

欧米のＯＦは、日本に輸入されて石油業界等で使われている。カテゴリーとしてCurtain式とFenceの２つに分類され、各々浮体の形状・位置・本体に略語が使われ、おおよその分類と外観が略語から分かる。日本の固形式と充気式ＯＦは、この中でCurtain boomsに、衝立式はFence boomsの範疇に入る。Curtain boomsは、浮体の下にあるスカートが左右に振れる構造で一体的な連動はしないが、Fence boomsは、浮体とスカートが一体の構造で転倒するときは一体になって倒れ、rigid fenceとも呼ばれている。

表２-10　浮体の分類と略語

	略語	
浮体の形状(shape)	CC	シリンダー連続　(cylinder continuous)
	CS	シリンダー断続　(cylinder segmented)
	R	長方形ブロック　(rectangular block)
	SQ	正方形ブロック　(square block)
	S	球形　(sphere)
浮体の位置	I	内部　(internal)
	O	外部　(set on outriggers)
	A	スカートに取付（attached to skirt)
浮体本体	F	発泡体　(foam)
	H	硬い板　(rigid)
	I	空気　(inflatable)

接続部は、殆どがアルミ製ワンタッチ式、テンションメンバーにはチェーン又はワイヤーが使われている。ジッパーは使われていない。

図２-41　欧米のＯＦ

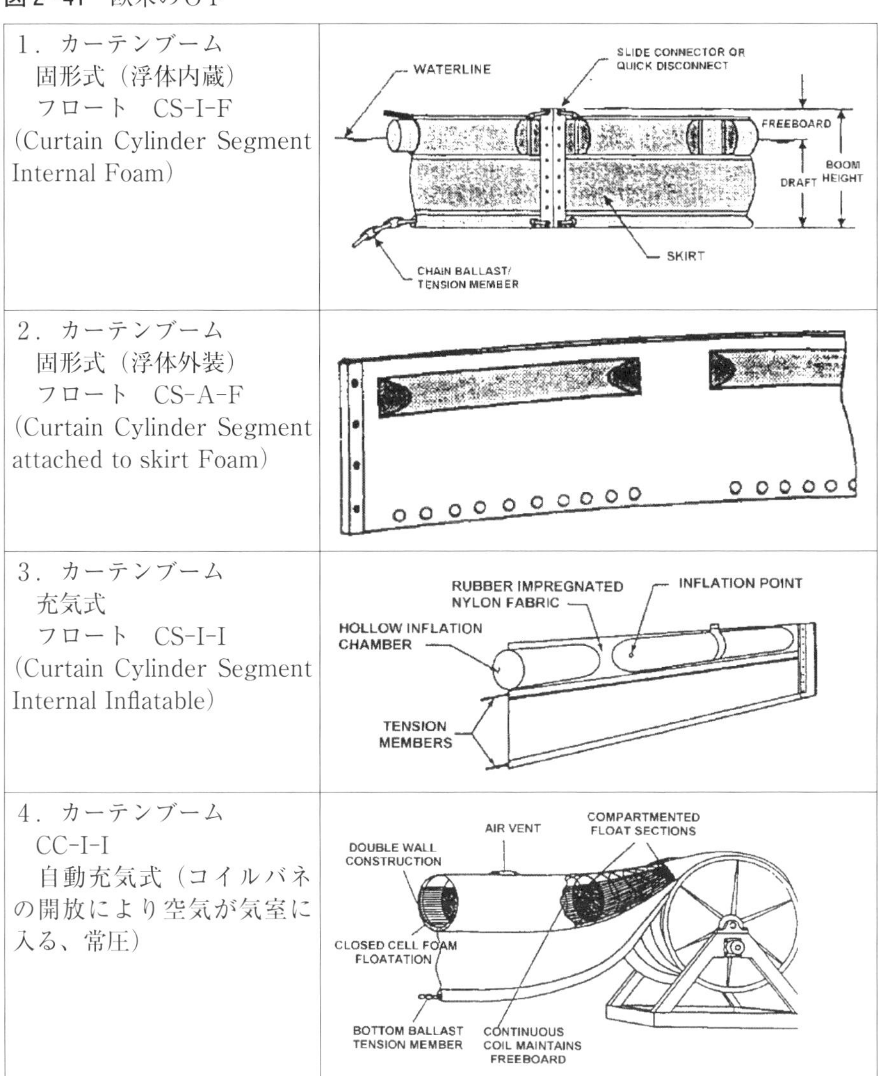

１．カーテンブーム 固形式（浮体内蔵） フロート　CS-I-F (Curtain Cylinder Segment Internal Foam)
２．カーテンブーム 固形式（浮体外装） フロート　CS-A-F (Curtain Cylinder Segment attached to skirt Foam)
３．カーテンブーム 充気式 フロート　CS-I-I (Curtain Cylinder Segment Internal Inflatable)
４．カーテンブーム CC-I-I 自動充気式（コイルバネの開放により空気が気室に入る、常圧）

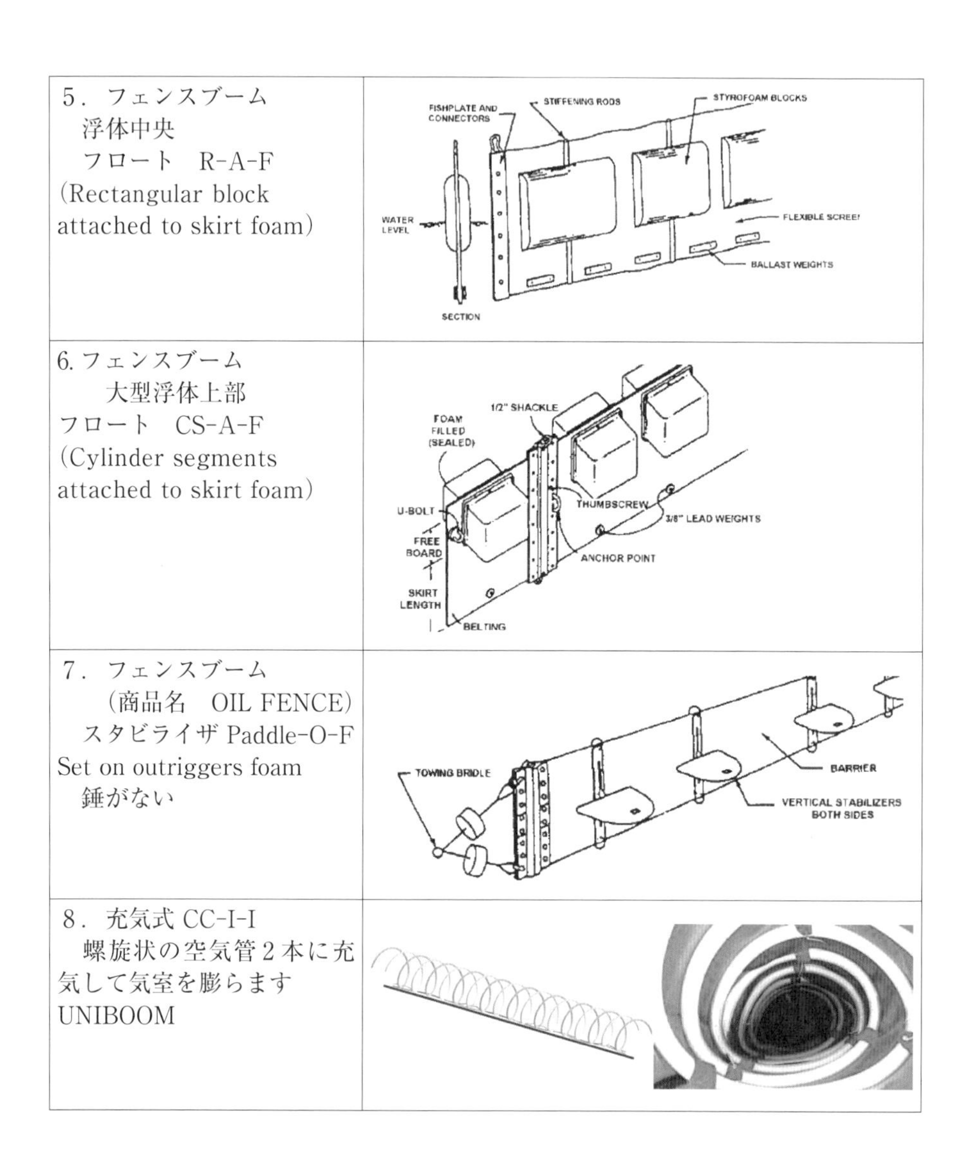

5．フェンスブーム 浮体中央 フロート　R-A-F (Rectangular block attached to skirt foam)	
6. フェンスブーム 大型浮体上部 フロート　CS-A-F (Cylinder segments attached to skirt foam)	
7．フェンスブーム (商品名　OIL FENCE) スタビライザ Paddle-O-F Set on outriggers foam 錘がない	
8．充気式 CC-I-I 螺旋状の空気管２本に充気して気室を膨らます UNIBOOM	

第２章　機械的回収

海防法第39条の４は、規則で定めるタンカー（「特定タンカー」という。）の所有者に対し、規則で定める海域の航行に際しては、油回収船又は規則で定める回収装置[41]を配備する事を求めている。これらを配備する場所、その他配備に関し必要な事項も規則で定めている。

１．洋上回収

洋上を漂流する大量の油は、やがては何処かの海岸に漂着する、その前提で監視・対策を考え、漂着する前に有効な回収手段を投入したい。殆どの場合、その油は高粘度油であり回収船、回収装置等がその役割を担う。

図３－１　洋上を漂流する大量の油
さて、
　どうするか・・・
　洋上回収が出来るのか・・・
　油処理剤がまけるのか・・・
　監視し漂着を待つか・・・

平成５年５月
福島県小名浜港沖

（１）　油回収船

この半世紀、回収船は官民で数多く建造されてきた。そして、流出油事故に出動してきたが、苦労が多い割に成果を上げられなかった。その結果、今日では民間の油回収船の多くが衰退・姿を消している。その原因は、船の設計の段階から想定油をＢ重油[41]と定め、事例として多いＣ重油、エマルジョン等の高粘度油に対し、全く不向きな船体構造（ポンプ、タンク等）のままになっている事による。更に、回収船が油と一緒に回収する大量の海水を排出する時の解釈も複雑で現場に混乱を与え[40,42]ていた。現在、国は**表3－1**の様に最新の大型浚渫兼油回収船を３隻に増強し、日本の全海域を48時間以内に回収作業を開始できる体制を平成14年から維持している。**図3－1**の場合、付近の製油所に２隻の回収船が存在したが、小名浜港の１隻は果敢に挑戦した（資料３に記事)。これは苦い経験であったが、後年、ナホトカの事故で生かされた。しかし、相馬港の１隻はＢ重油の事故でない事を理由に出動して貰えなかった。

表3－1　大型浚渫兼油回収船３隻の概要

船名 就役	基地	ＧＴ	回収装置		回収タンク kl	参考
	配備	ＬＢＤ　m	機種	基		
清龍丸 2004年	名古屋	4,795	シクロネ200	2	1,500	近海（国際） ヘリ甲板
	H17.3	104×17×7.5	スキッパー	2		
海翔 2000年	北九州	4,651	シクロネ200	2	1,00	近海（国際）
	H12.11	103×17×7.2	トランスレック200	2		
白山 2002年	新潟	4,185	シクロネ200	2	1.530	
	H14.8	93.9×17×7.5	トランスレック250	2		

図3－2　白山　舷側にシクロネ２基、甲板上にトランスレック１基搭載

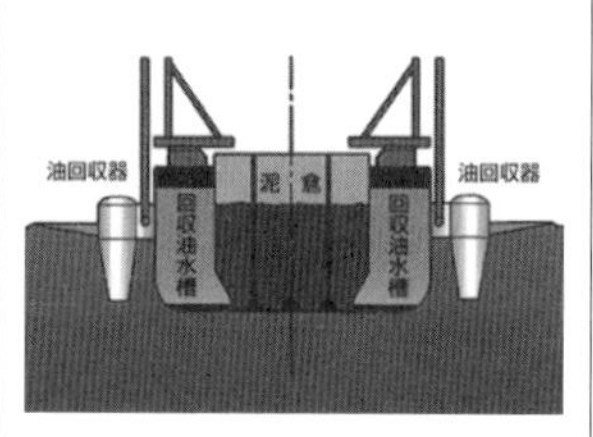

図3－3　海翔

図３－４　清龍丸　スキッパーによる回収作業　ジェット水により浮遊油を誘導

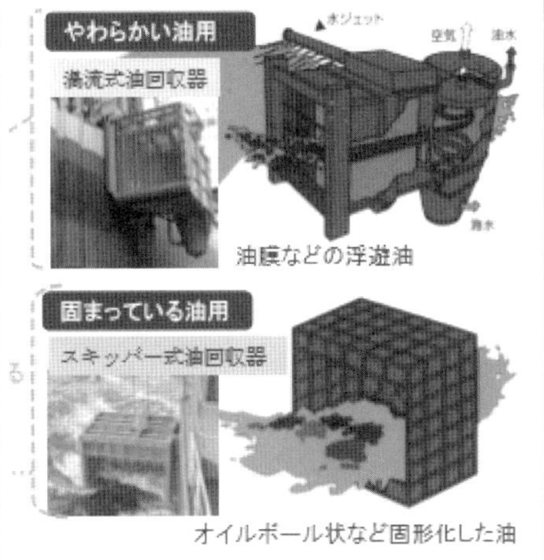

（２）　回収装置

作業船に回収装置を搭載し、**図３－６**に示すように、舷側にＯＦをＪ字展張して集油、ここにスキマーを降ろして回収作業が行われる。回収装置は、欧米の堰式と回転付着式の２種が普及している。何れもスキマー、パワーパック（動力)、タンク、ホース類で構成され防爆構造となっている。スキマーはクレーン等で海面に吊り降ろして運転される(**図３－５**)。パワーパック（ディーゼル機関が多い）は２系統の油圧を作り、一つは油圧ホース（送油と戻り）を介してスキマー内の油圧ポンプを運転し漂流油を器内に集める、二つ目は器内からの回収油を船側に送りだす油圧ポンプを動かす構造となっている。堰式は、海面下に吸引皿を下ろして水面に浮く油を皿に流し落として吸引回収する方式で比較的簡単な構造であるが、油層が薄いと殆どが海水の回収となるため、回収タンクで油水分離させる必要がある。一方回転付着式は、円盤又はドラムを回転させて表面に付着した油を器内のスクレッパーで掻き落として回収する方式のため、油の回収率が良く（90％以上が油)、海水は僅かとなる。何れの方式であっても海上模様（荒天化では困難)、油の固化の程度、油層厚（薄いと効率が悪い）と浮遊ごみ（スキマーのポンプが止まる)、現場技師の能力により大きな制約がある。作業船では回収した油を何に入れるのか、必ず準備しなければならない。十分な容量容器が無ければ作業は出来ない。例として、高粘度用の内航タンカー、バージ船等の活用もある。回収装置は十分集まったが、容器の容量不足で失敗した事例が報告されている（資料１-18）。

図３-５　回収装置の概念図
パワーパック、スキマー、そして連結の油圧ホース、回収油ホース、簡易タンクから構成される。スキマーはクレーンで海面に吊り降ろされ、運転される。

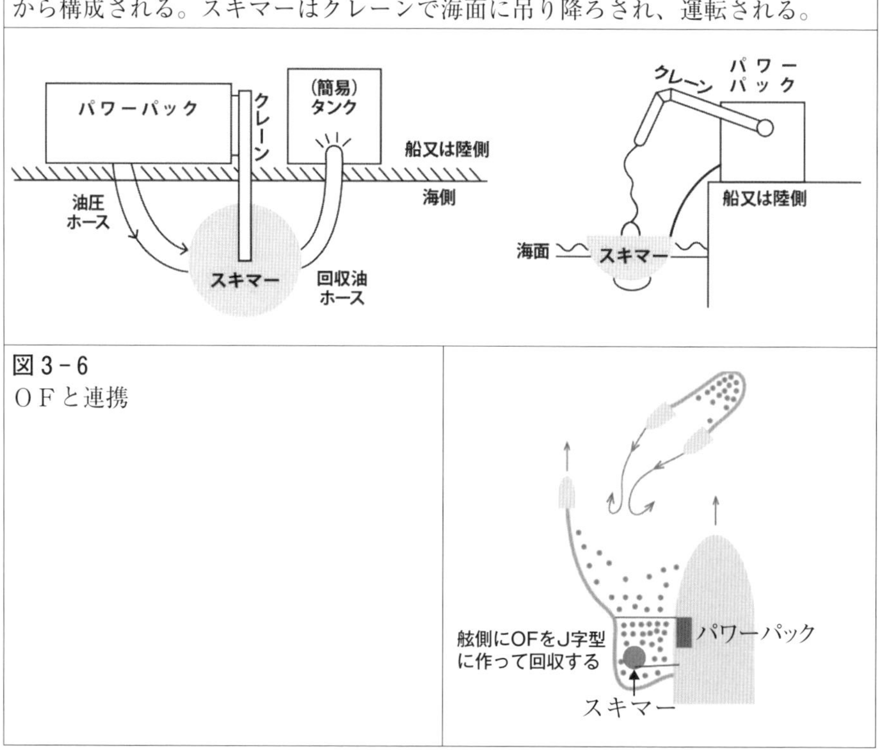

図３-６
ＯＦと連携

図３－７　堰式スキマー　左　フォイレックス　と　右　ＧＴ185	

図３－８　回転円盤式スキマー　　英国バイコマ製	
	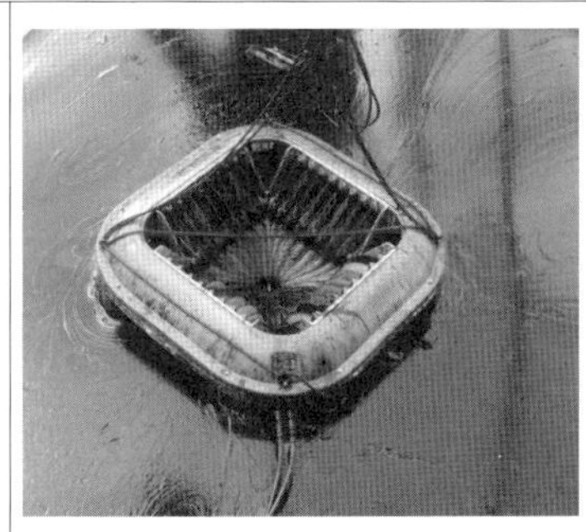
図３－９　小型ドラム式 ミニスキマー　重量5.4kg 動力　車用12V、家庭用100V ドラム式は小型から大型まで広く使われている。 米国 ELASTEC 製	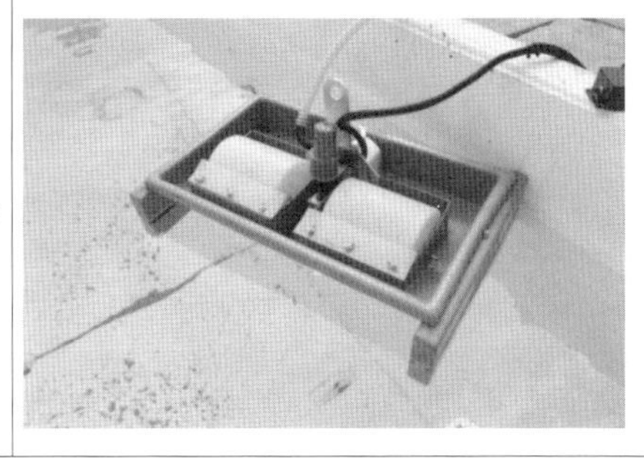

（３）　汎用機械

油回収船・回収装置を保持するということは、平時から良好な状態に保守管理、関係者の訓練、技術者を確保し続ける事である。しかし、通常別の目的に使われている機械が油の回収に活用できるのであれば、その必要はなく平時は情報の把握で済む。実際に大規模の油濁事故で成果を挙げてきたのは、ガット船等の汎用機械が多い。ガット船は、グラブ付旋回起重機（クレーン）と大きな土倉を備えていて、砂・砂利・石材・土などの運搬を行っているが、クレーン操作に熟練した乗組員により油の回収も出来る。油塊群をグラブでつかみ取り土倉に投入する。オイルフェンスで集油すると効率が上がり、土倉の容積も大きく安心して回収出来る。特に、ゴミ混じりの高粘度のエマルジョン等の回収に適し、操作に慣れた技術者も多くその隻数も多い。**図３-11～13**はタンカーから流出した高粘度重油をＯＦで包囲してガット船で回収している状況を示す。但し、土倉内に油を大量に入れることは、大量の水も存在し、スロッシング[43]の問題があるため、一緒に回収される海水は現場で排出に努めるとともに、回収油量、海象にも留意する。ガット船の活用は、海上防災109号[44]に詳しく取り上げられている。

図３-11　ガット船による回収
タンカー第８宮丸から流出した重油

図３-12　タンカー豊孝丸から流出した油の回収　　　　土倉300㎥

図3-13　ガット船「寿2号」土倉容積5,000㎥、バケット容量一掴み8㎥、アーム長さ24m（資料4）

図3-14　漁船による回収
タンカープレステージから流出したC重油の回収（資料1-50）
日本でもこのタイプのクレーンを備えた漁船は多い

表3-2　　ガット船が活用された事例

年月日 場　所	事故船名 （GT）	流出油種、 流出量（kl）	ガット船等	作業状況
昭54.3.22 備讃瀬戸	タンカー 第8宮丸 （997）	ミナス重油 （C重油） （543）	ガット船199GT型 3隻	OF包囲、3日間で回収完了 **図2-4、3-11** （海上防災NO1、5）
昭55.5.15 宇部沖	タンカー 第3日丹丸 （1,623）	ミナス重油 （C重油） （155）	ガット船199GT型 2隻	OF包囲し回収 （海上防災NO8）
平6.10.17 下　津	タンカー 豊孝丸 （2,960）	ラビ原油 ブランド （570）	クレーン台船、押船 プッシャーバージ （300㎥）	OF包囲した油と漂着油の回収　**図3-12** （海上防災NO84）
平9.1.2 北　陸	タンカー ナホトカ （13,175）	C重油 （6,240）	クレーン台船、押船 ガット船　499GT型4隻	OF集油回収、回収油の処理場へ搬出 （資料4）

平14.11 スペイン	タンカー プレステージ	C重油 (6.3万トン)	グラブ付き漁船 (日本から情報提供)	図3-14 資料1-50 (海上防災 NO130)

2．漂着油の回収

海浜に漂着した油の回収は、ボランティア等による人海作戦により柄杓ですくいとる事が多かった。しかし、原則として有効な機械力の活用を考えなければならない。機械としては強力吸引車、回収装置、コンクリートポンプ車等を使う事が出来るが、現場の状況に合わせ選択する。これらの機械が稼働すると、短時間で何百トン単位の油とともに海水、ゴミ等も一緒に回収される。ただし、回収油量に見合った容器（ピット、ファスタンク、ドラム缶等）とその集積場も地元役所の指示の下で必ず確保しなければならない。そして、現場で出来るだけ海水は排水する等の工夫も必要である（現場によっては排水を禁じる役人もいたが、従うと回収作業は著しく非効率又は無意味となり、説得しなければならない）。海岸に沿って移動する油は、経験的に防波堤の付け根等凸部のどちらかに集まる。直線的な海岸の場合、臨機に大型土嚢等により油が集まりやすい図3-15の様な突堤を作り油の回収の拠点を作る。

図3-15　突堤を作っての回収作業　左　1990年ペルシャ湾の現場図、

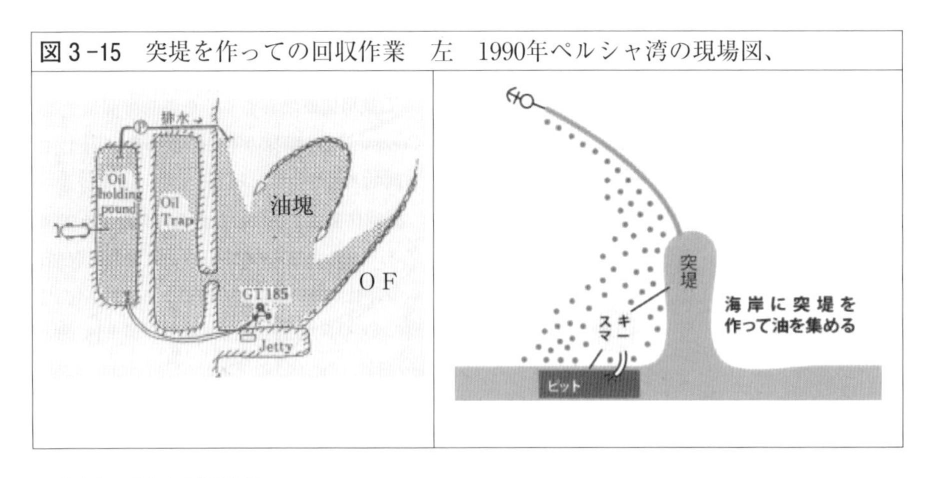

（1）　強力吸引車

強力吸引車が、油を回収するために初めて使われたのは、1991年サウジアラビアで湾岸戦争による原油流出の時であった、日本では1997年のナホトカ号が初めてである。この強力吸引車の原理（空気力輸送方式）は、1985年頃に調査[45]されていたが、その後12年間実際に使われる事はなかった。**図3-16**は、漁港内に集めた油をバキューム車（ダンパー車）の真空圧で吸引させ回収を試みている。しかし、油は殆ど吸引できなかった（資料3）。この失敗経験から、強力吸引車とコンクリートポンプ車の活用が検討され、1997年ナホトカ号の時に繋がった。

注）真空圧は、10.3m の水柱高に相当する。

図3-16　バキューム車では揚程5mで吸引しない・・失敗の経験であった

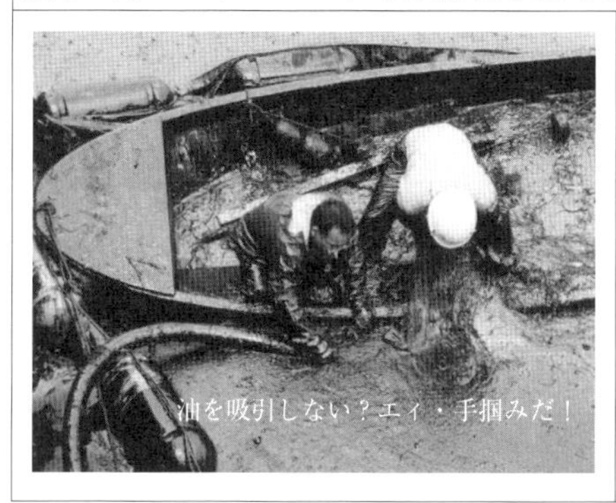

強力吸引車は、空気流で吸引する構造のため、落差のある沿岸部の油の回収が可能になる。その能力は、風量（m^3／min）、静圧（mmHg）、タンク容量、ホースラインの太さ等で決まる（**図3-17、21、22**）。ナホトカ号では、のべ800車両が、吸引ホースを伸ばし、水平距離100m、揚程10～20m、専門家の指導の下で、海岸の漂着油を直接又はドラム缶・ファスタンクの油を吸い取りピット等に運んだ。強力吸引車のタンク容量は車種により3～10kl ある。タンクに一杯吸引した状態で10分間ほど静置し、下部に溜まっている海水を海に戻すことができる。似た車種にダンパー車（**図3-18**）があり、真空ポンプによる真空圧の範囲の吸引力となるが、タンク容量が大きいため、強力吸引車と、コンクリートポンプ車と組み合わせて活用する（**図3-19, 20**）。海浜に漂着した大量の油を回収するためには、道路から海岸まで仮設道路（**図3-22、23**）

を造る又は長いホースラインが必要となる。更に周辺で見込まれる回収油量に見合ったピット等の受け皿も早急に確保しなければならない。ピットでは出入りする強力吸引車等の記録を警備員を配置して作るとともに又大型車両が往来するため地元警察の協力を得る必要がある。長いホースの場合、中間を塩ビパイプとしてホースを径の太い4インチを使う。ホースの径が細いと管路抵抗が大きく効率が極端に低下する。海上防災100号「強力吸引車の油回収システム」にそのノウハウが紹介されている。

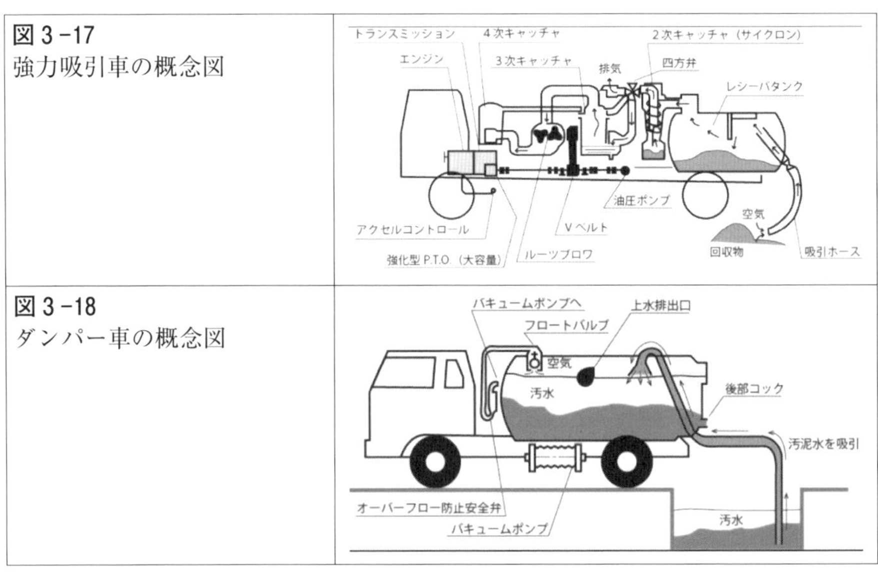

図3-17
強力吸引車の概念図

図3-18
ダンパー車の概念図

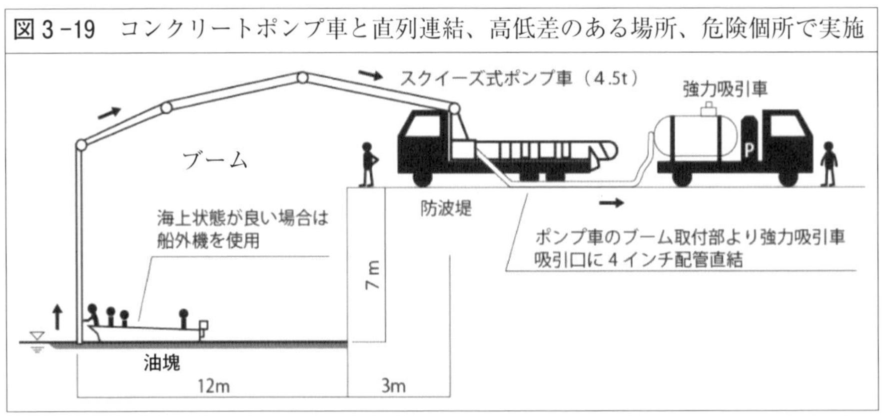

図3-19　コンクリートポンプ車と直列連結、高低差のある場所、危険個所で実施

図３-20　ダンパーと強力吸引車の連結、大容量の回収ができる

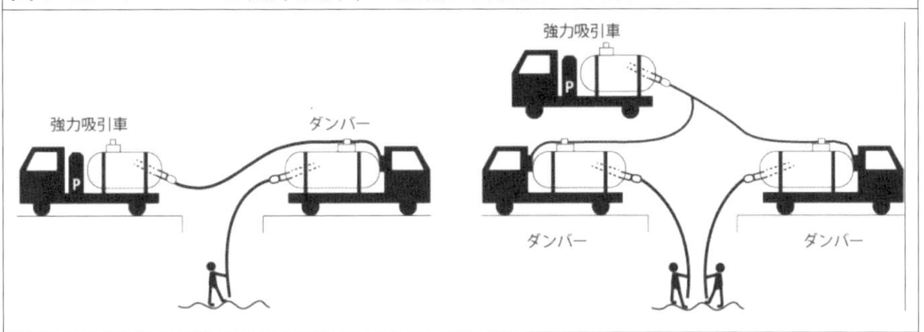

図３-21　強力吸引車とファスタンク
パイプラインの中間に塩ビ管を固定設置

図３-22　強力吸引車
仮設道路から漂着油の直接回収

（２）　コンクリートポンプ車（以下ポンプ車と呼ぶ）

建設現場で目にするポンプ車を油の回収に応用するアイデアはナホトカの事故より２年程前から五洋建設㈱と検討していた。そんな背景があってこれが実現し、大きな成果を収めた。ポンプ車にはスクイズポンプ式とピストンポンプ式の２種類があるが、前者は油の回収が出来るが後者は構造的にできない。スクイズポンプを逆回転すると、長いブームの先端から夜間、荒天、危険な場所でも遠隔操作により油を吸引することが出来る。強力吸引車と連結すると揚程が10m位で様々な応用ができる（図３-19、24～25）。又ポンプの正回転により、吸引した油を道路上のダンパー車に送ることもできる（図３-23）。海上防災94号[46]にそのノウハウが紹介されている。

図３-23　強力吸引車、ポンプ車、ダンパーの組み合わせ　仮設道路にて

図３-24　危険な箇所、夜間も遠隔で回収

図３-25　障害物を越え岩場に漂着した油塊回収　図１-34をイラストに

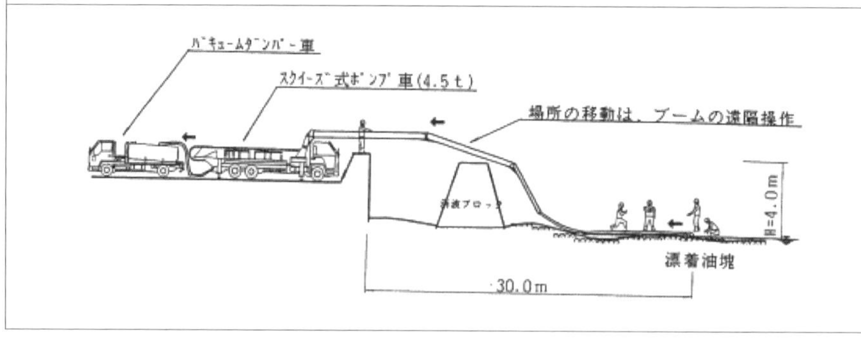

（３）　ガット船

ガット船は沖合の油の回収には使われていたが、海岸に漂着した油塊

の回収に活用したのは、平成６年のタンカー豊孝丸の時が初めてで、船尾からケッジアンカーを落として船首を陸側に近づけ、クレーンを延ばして漂着油を掴み取る方法である。直接漂着油を掴み取って回収する、又は海岸で既に回収されていた土嚢の受け取りにも活用した。過去を振り返ると、この方法が活用できた事例は少なくなかった（49頁、**図１-37、38参照**）。

図３-26
海岸で回収された油（土嚢入り）をグラブに入れて回収、海岸清掃の為の機械類の陸揚げ・揚収にも活用された

（平成６年豊孝丸）

（４）　ポンプ

漂着した高粘度油の回収のために使われたポンプとして、ダイヤフラムポンプと混気ジェットポンプ等がある。

①　ダイヤフラムポンプ

コンプレッサー等で作られる空気圧により駆動するポンプで、操作が簡単で軽く広く普及している。高粘度油の回収、移送に適している。

図3-27　ダイヤフラムポンプとその活用	

②　混気ジェットポンプ

ナホトカから流出し、珠洲市に漂着した大量の油塊の回収に活躍したポンプで空気を交えた高圧水の水流により吸引させる方法（海上防災173号に詳細記事）。

図3-28　大型混気ジェットポンプ クレーンの設置場所とホースで調整・移動、回収できる範囲に制約はある 回収油水は海岸のピットへ、海水は戻され、油は強力吸引車で飯田港のガット船に搬出された	
大型混気ジェットポンプの構造・原理 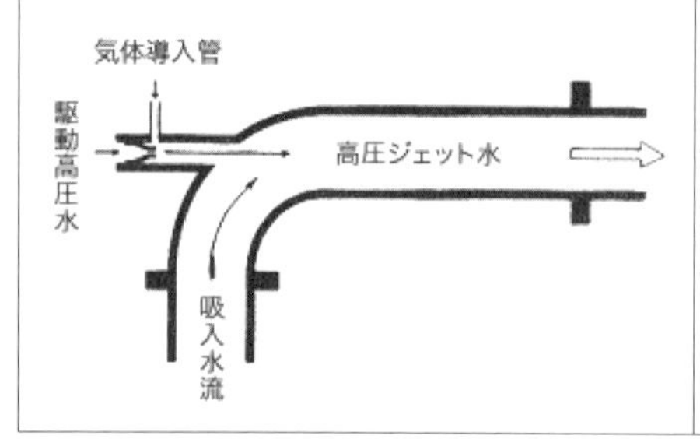 	

③　回転容積式ポンプ

低粘度油の回収、移送に使われるポンプで、**図3-29**に示す三種類がある。これらのポンプは脈動がなく連続的な流れであるが、回転部と非回転部が擦れ合うため、摩耗や液漏れに注意する必要がある。

図3-29

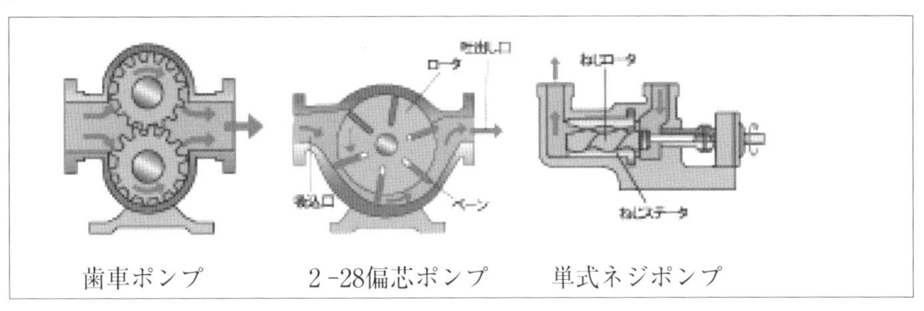

歯車ポンプ　　2-28偏芯ポンプ　　単式ネジポンプ

（5）　回収油タンク

海岸で回収される油を入れる容器としては、ドラム缶、土嚢袋、ファスタンク活用されている。しかし、大規模の場合はピットも選択肢に考える。

①　ドラム缶

ドラム缶は最も多く使われてきた円筒形・金属製、容量約200ℓの容器である。寸法は、重さ17～27kg（金属の肉厚が1～1.6mm）57φ×84cmで、天板部が開閉できるオープンタイプと閉まったクローズドタイプがある。回収した油を入れる時は天板部を開き、油が入った後は天板を閉じる又はブルーシートで蓋をする。実際に使う時は180ℓ位に抑える。油類の入ったドラム缶のトラック、船舶への積み込みは、専用の吊り金具（52頁、**図1-39、40**）を使う。

図３-30　クローズドドラムとオープンドラム

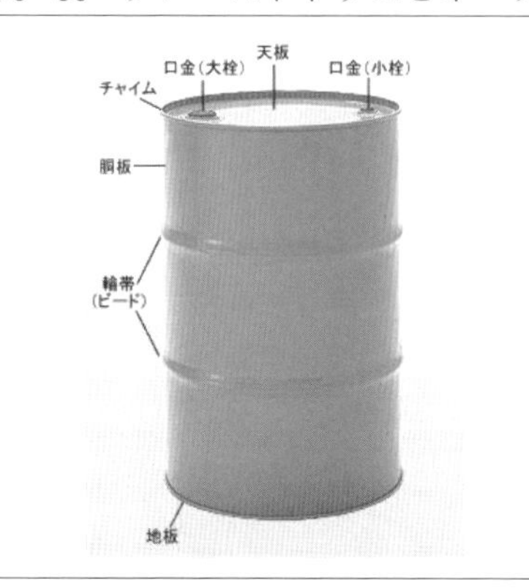

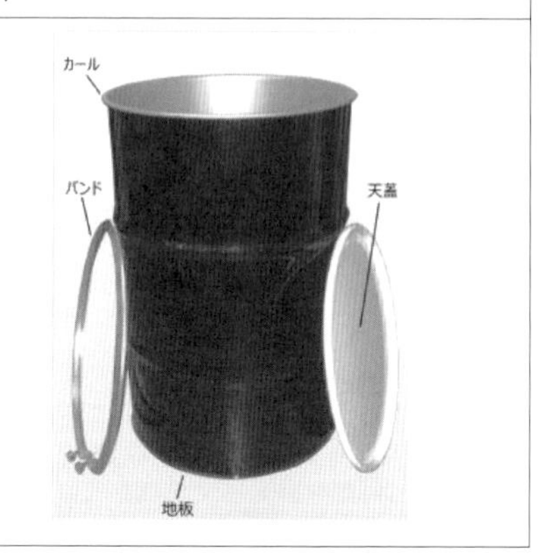

② 土嚢

高粘度化したエマルジョン等の油は人海作戦で回収する時、土嚢袋に入れる事が多い。容量は20ℓで約16kg程度の油を入れて、口を縛って保管、移送する（図１-18）。

大型土嚢としては200ℓ（フレコンバック）があり、内側にビニールライナーを入れて油類を入れることができる（図１-41）。

図３-31　油は土嚢袋に・海岸に集積、ここからの搬出は難儀した

③ ファスタンク

材質は高張力ポリエステル織布にPVCおよびアクリルコーティング生地で作られている。形状は、円筒形で容量は１～10klまである。特徴は軽く、組み立てが簡単な事で、内側のライナー交換で清水、油、消火剤等多目的に使える。容量５klの場合、直径2.3m、

高さ1.25m、重量36kg、現在1500基程が防災機関等に保有されている（**図3－21、32参照**）。30年以上の使用実績があり評価が高く、世界的に普及している。海浜に設置して人手やスキマーで回収された油を溜めて、強力吸引車で搬出するのが一般的である。

図3－32 ファスタンク（10kl） 展張と収容容器	

④　ビット

回収現場の近く又は港に一時的に貯油ができる大容量のピットを建設、又は既存のタンクを利用する。ナホトカの時は、一夜で**図3－33**のピットが福井県の指導の下で作られ、翌朝から強力吸引車の稼働が可能となった。金沢港、敦賀港、珠洲にもピットが作られ、洋上と沿岸で回収された油の受け入れを行った（資料4参照）。

図3－33　福井港に作られた2700㎥のピット　平成9年1月9日朝完成

ドラム缶　14,000本分の容量
ブルーシートを二重に敷いた

図3－34　強力吸引車からピットへ回収油の受け入れ　　　1月10日

（6） ビーチクリーナー

砂浜に漂着した油の回収は第1編第8章2（1）で触れたが、ビーチクリーナーの活用が注目される。平成18年茨城県鹿島で座礁した貨物船の事故（資料2-57）で、28日間にわたり、油が漂着した砂浜で延べ走行距離500ｋｍを清掃、油と油性ゴミをドラム缶換算337缶回収している。ビーチクリーナーには自走式と、牽引式がある。近年市町村や各地の海水浴場で砂浜のゴミ対策で所有する所もあり、これらの活用も出来そうである（海上防災132号参照）。

図3-35　牽引式ビーチクリーナー網目は3種類（本田技研工業㈱製）

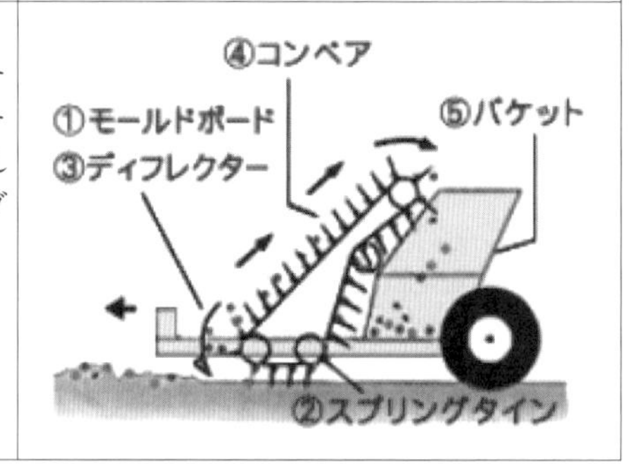

図3-36　米国BARBER社
トラクターで牽引され、トラクターからの駆動装置によって油圧モーターが動き、スプリングタインが装備されたベルトが回転して砂混じりの油・ゴミの回収を行う

第３章　油吸着材

１．目的

油吸着材を使う目的は、海面に浮かぶ油を、吸着又は付着させて回収する事にある。しかし、油種、油層厚、素材の種類等による限界・制約がある。

２．法律上の位置づけ

海防法は、船舶所有者、特定油を保管する施設の設置者に対し、同法が規定する条件を満たす油吸着材の備え付けを義務付け、及び次の規定に適合する事を求めている[47)]。

①　Ｂ重油による吸着量は試験開始後５分で当該油吸着材１ｇにつき６ｇ以上であり、かつ、当該油吸着 1 cm^2 につき0.8ｇ以上であること

②　吸水量は、試験開始後５分で当該油吸着材１ｇにつき1.5ｇ以下であり、かつ、当該油吸着 1 cm^2 につき0.1ｇ以下であること

③　材質は、通常の保管状態において変化しにくいものであること

④　特定油を吸着した状態で長時間原型を保つものであること

⑤　使用後の回収が容易であること

⑥　焼却が可能であり、かつ焼却による有毒ガスの発生が少ないものであること

３．種類

油吸着材は、材質と形状から次の様に分類される。

（１）　材質による分類

①　石油高分子体

ポリプロピレン（通称ＰＰ）、ポリエチレン、ナイロン等の繊維が単体又は組み合わされて作られている。細い繊維を絡み合わせて出来る空隙に油が毛細管現象により吸着、又は付着する。メーカーによりこれら繊維の太さと加工の方法が異なっている。空隙の大きさにより高粘度油から低粘度用までの油が吸着する。更に繊維の太さによっても性能面に影響があり、近年従前より細い繊維を使った油吸着材も出現している。繊維を細くすることで油との接触面積が増えるため、吸着性等の面で性能が向上している。

② 有機物

植物繊維（木材）、ピート（泥炭）等を炭化等の加工を行い、ネットに包むなどして使用される。炭化前の植物繊維には固有の極細な仮道管又は導管があるが、これが加工後も多孔質として残り、油の吸着性等を良くしている。一般的には低粘度油に適している。

（２） 形状による分類

① シート型

一辺が50～65cm の正方形状で、厚さは３～５mm、
重量50～150ｇ／枚、荷姿は50～200枚／段ボール箱入り

② ロール

寸法65×6500×0.4cm、17kg／段ボール箱入り、長尺のまま又は必要な長さに切って使用する。

③ 万国旗型

使用後の回収が容易、一例として１箱に6.5m×４本、13m×２本、全長52m、13kg が入っている。

④ ＯＦ型

吸着フェンスは、油吸着材をＯＦ状に加工したもので、展張初期にはＯＦの効果があるが、油を吸着するとＯＦの機能を終え、逆に油を放出するため、交換しなければならない。展張時は簡単な作業であるが、油を吸着した後は、重量物の汚れ作業となり、相応の準備が必要となる。

⑤ チューブ型

ネットの中に油吸着材を入れ、ロープで補強したもの等がある。吸

着フェンスとも呼ばれている

⑥　ボンボン型

エマルジョン等高粘度油の回収に適している。

図３-40
ＰＰ材の顕微鏡写真（50倍）
繊維間の空隙に油が取り込まれる。繊維の太さ平均40μｍφ。
空隙の広い・狭い、繊維の太さはメーカーにより異なる

写真は三井石油化学㈱からの提供

図３-41　針葉樹の仮道管と
炭化させた後の表面顕微鏡写真（100倍）　写真は㈱タナカ商事提供

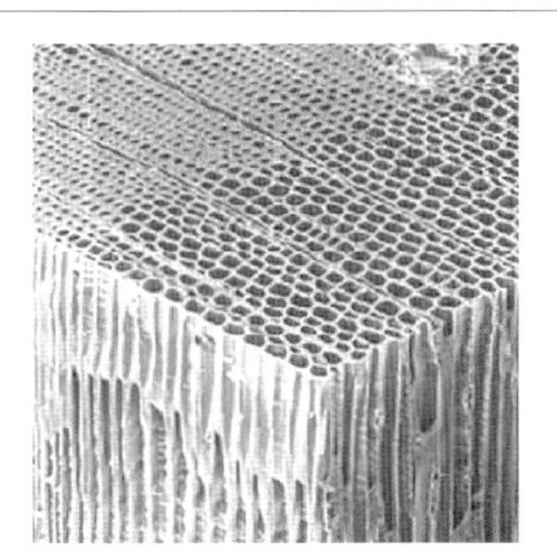

注）広葉樹は道管、針葉樹は仮道管と呼んでいる

図3-42　様々な形状

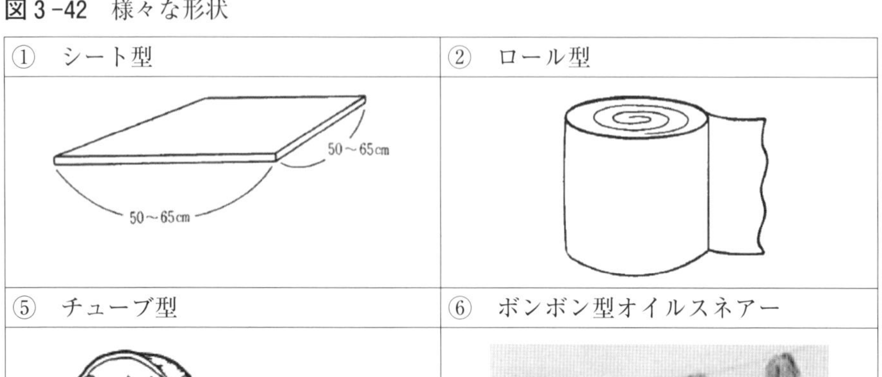

図3-43　吸着フェンス

図3-44　吸着フェンスの展張と撤収、重労働の汚れ作業となる

4．限界

（1） 吸着量

油の吸着量は、容器にB重油だけを入れた状態で、その吸着量が油吸着材自重の6倍以上と法規上はなっている。そして、製品により8～30倍とバラツキがある。しかし、実際の油流出の現場では、油が水面に浮いた油膜状態であり、額面の吸着量より低い数値となる。更に、C重油では殆ど吸着しないものもある。油吸着材は、油層厚が0.25mmまでは油を数%の海水と一緒に吸着する。

（2） 油の粘度

粘度の低い程、吸着速度は速く、短時間で飽和状態になる。しかし、C重油或いは風化又は低温度により油の粘度が高い場合、吸着に時間を要し、油吸着材の表面に一部分が付着するだけのことも多い。

図3-45 吸着しない油吸着材　万国旗型　C重油の事故

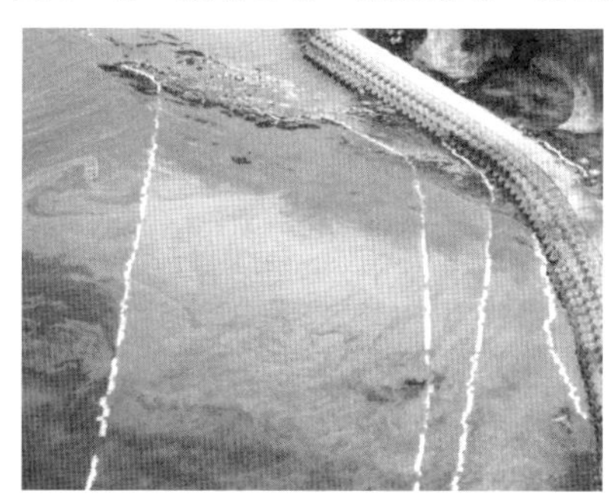

（3） 油層厚

海面に流出した油は、流出源付近では油層が相当に厚く、色も黒々としているが、風、潮流等により次第に拡散し色も虹色に変化してゆく。拡散して油膜が0.002mmになっても、航空機からは未だ黒ずんで見え、**表3-4**の識別ランクと照合しAとして報告される。 油吸着材は、現場の実経験と実験から、油の厚さが**0.25mm**以下の薄い油膜では、油の吸着性は著しく低下又は吸着しない事が分かっている。 従って、油層厚が識別ランクA（2μm（0.002mm））では既に吸着せず、大量の油吸着材を投入しても無意味であり、オイルフェンス等により集油して油層を確保する必要がある。この油層厚の実験としては、昭和56年に海上災害防止センターで行った「油吸着材の吸油特性の実験」[48]の結果が公開され、その後行われている類似実験と実際の現場経験から、現在では広く国際的にも[31]関係者に知られている。**表3－3**は、海上に流出した原油の量、厚さ、油膜の状態をＡからＥの５段階でランク付け[49]していて広く使われてきたが、ランクＡ以上の油層厚の存在にも留意しなければならない。

表3－3　油膜の外見による油膜厚さ・油の量（原油の場合）

油膜厚（μm）	油量（L/km^2）	油膜の外見・状態	識別ランク
0.05	50	光線の状態が良い時に、かろうじてキラキラ光る油膜が見える	
0．1	100	水面がギラギラ光って見える	E
0.15	150	水面がほんの少し褐色に色づいて見える	D
0．3	300	水面に明るい褐色の帯がはっきり見える	C
1．0	1000	油膜がくすんだ褐色を呈する	B
2．0	2,000	油膜の色が黒ずんで見える	A
250	25,000	油吸着材が吸油する境目　0.25mm	

注）μ（マイクロ）：基礎単位の10^{-6}倍（百万分の一）。　1μm＝0.001mm

（４）　滴り（保持性）

灯油、ジェット燃料、軽油、Ａ重油等の低粘度油の場合、吸着した状態で油吸着材を吊り上げると、特にPP繊維では滴り落ちる量が多い。型式承認の検査では**表3－4**に示すように「Ｂ重油を金網上に水平に５分間静置」を基準にしているが、実作業では10秒から数分間、非水平状態釣り上げることも多い。PP繊維の油吸着材は、製造過程でローラーによる加熱成形により、面部の繊維が密となり、横の端部は繊維断面が露出している。そのため、油は横の端部から吸着されて滴り出る。この傾向はPP繊維の空隙（**図3－40**）が大きい程顕著で、空隙を大きくした油吸着材は、低粘度油では滴りが激しいが高粘度油では少ない。逆に、空隙が小の場合は低粘度油の保持性は改善されるが、高粘度油は吸着せず付着するだけの事が多い。一方植物繊維の場合、多孔質（**図3-41**）のため、低粘度油の保持性が良く滴りは殆ど見られない又は少ない。

（5） 油・水との置換

油を飽和状態に吸着した油吸着材は、そのまま海上に放置すると、油分が放出される。そのため、吸油したならば直ちに回収する。また、油のない海上に放置すると油吸着材の空隙部分に水が入り込み、油を吸着しなくなる場合がある。

5．吸油性能など（法定の試験項目）

油吸着材に求められる吸着性能としては、保存性、吸油性、非吸水性、形状安定性、浮沈下性、耐油性、回収容易性、無毒性の8項目があり、各々基準・試験方法が定められている（**表3-4**）。吸油性については、B重油を試験油に6 g／g以上である事が求められ、次の式で計算される。

吸油性＝（Ss － Sw － So）/So

Ss ：飽和状態の油吸着材、油分、水分を含む合計重量

Sw：水分の重量

So ：油吸着材の初期乾燥重量

表3-4 吸着性能8項目の基準と試験方法（要旨）

試験項目	基準	試験方法等
保存性	軟化、硬化がないこと	－20℃～＋66℃、72時間
吸油性	6 g／g以上、 0.8 g／cm^3以上	10cm ×10cmの試験片を20℃のB重油に浮かべて5分静置、その後17mmのメッシュの金網上に5分静置の後重量を測定
非吸水性	1.5 g／g以下、 0.1 g／cm^3以下	吸油性試験と同様に試験片を20℃の真水に浮かべて5分静置、その後金網上に5分静置の後重量から測定
形状安定性	砕片化、分離、変形等のないこと	試験片を真水の入った試薬ビンに入れ、毎分120往復・振幅4 cmで24時間水平振動を与える。
不沈下性	水面下に沈まないこと	
耐油性	収縮、膨張、溶解等のないこと	試験片をA重油、ガソリン混合油の入った試薬ビンに入れ72時間放置

回収容易性（重量試験・強度試験	吸油後１枚が0.5～３kg である	試験片を20℃のＢ重油に５分間浸漬し、その後金網上に５分静置の後重量を測定
	破断がないこと	油吸着材の単体の任意の一端からフックで吊し重量試験で算出された最大重量の2.5倍の荷重を３分間かける
無毒性	シアン化水素の発生 0.8mL/g 以下	加熱燃焼試験

注）正確な表現は、海洋汚染及び海上災害の防止に関する法律施行規則第33条の３、「船用品型式承認要覧」を見て下さい。

６．油吸着材の性質と使用

① 油吸着材は、寸法、形状、材質の面からいろいろな種類が市販されているが、これらは通常運搬に便利な段ボール箱又は袋に収納されている

② ＰＰ製の油吸着材は、横から吸油され、表面からの吸油は少ない、漏出も表面からは少ない又はない。この理由は、油吸着材の製造過程で表面がローラーにより軽く熱加工されるため、表面の繊維が密になっている事に由来する（図３-46）

③ 油処理剤を散布した油は、吸着性が低下するため油吸着材の使用は避ける

④ 油回収船、油回収装置が稼働する場合、その活動を妨げるような散布は行わない

⑤ 植物繊維が素材で微細な沢山の穴（仮道管）を有する油吸着材は、この穴に油が吸引されて留まり、油の滴りも殆どない（図３-48）

⑥ ＯＦと油吸着材を併用すると、油の潜り抜けを抑制する効果がある

⑦ 油吸着材は飽和状態に吸油した時吸着は止まる、この時速やかに油吸着材を回収する。放置すると図３-51④に示す様に油を放出して新たな流出源となる

⑧ 灯油、軽油、ジェット燃料等の透明な油の吸着については、木質系油吸着材は吸油すると色変化があり識別しやすい（図３-49）

図３-46　吸着（Ａ重油） 油は横から吸着され面で保持、面からの吸着は少ない。Ａ重油は茶色に変色する	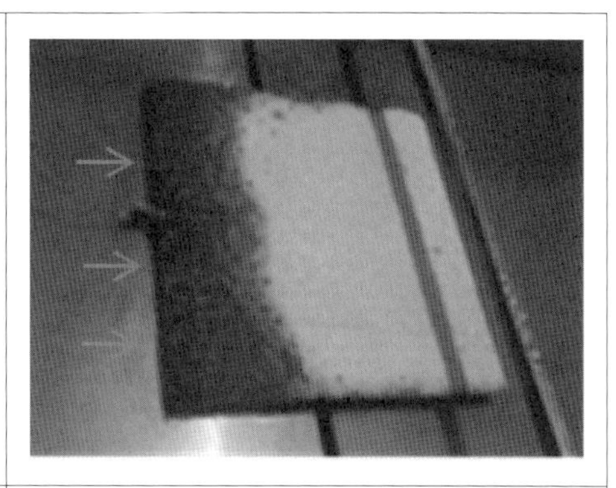
図３-47　Ａ重油の滴り（ＰＰの場合）	図３-48　Ａ重油の滴りが殆どない（木質系油吸着材の場合）

図３-49　灯油の吸着 色が白から黒色に変化 木質系油吸着材	

図3-50 岩礁の中に入っている油吸着材の回収 満潮時に岩の中に入り込み、引き潮時に油膜源になっていた	

7．実際の使用例

流出油現場で実際に油吸着材（PP）を使用すると、油種、油層厚、油吸着材の種類等により、**図3-51**に示す①～⑤のどれかに遭遇する。理想は、①の状態で、油吸着材が十分に油を吸収した時である。しかし、そのまま放置しておくと、逆に油を放出し④の状態になる。したがって①の状態で早期に油吸着材を回収することが肝要である。**図3-52**は、オイルスネアーを使用し、高粘度油の集油と付着回収を行っている。**図3-53**は潮間帯に漂着した油の荒取りをした後、放水して油吸着フェンス内に油分を洗い出している図で、この方法はしばしば行われてきた。

図3-51 実際の使用事例

	状　　態		備　考
①	内部まで充分に油を吸着している		A重油等軽質油
②	表面には付着しているが内部に殆ど吸着されず真っ白のまま		C重油、エマルジョン等高粘度油
③	表面に所々茶色の油の痕跡が残る程度、又は全く油の痕跡がない		油膜が薄い（0.25mm以下）

④	①の状態を放置すると油が放出し、新たな油濁の源になっている	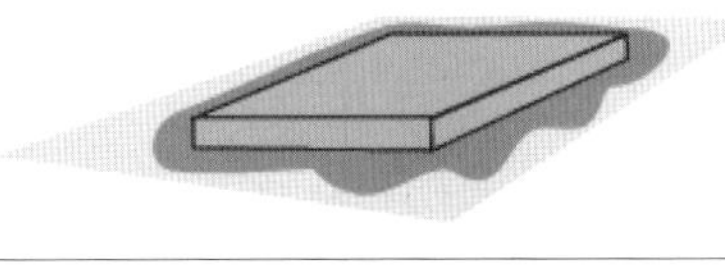	油を吸着後、速やかに回収せずに放置した時
⑤	油吸着材が溶けて油と共にドロドロ状態になっている		困った事例

図３-52
油吸着材の使用例－１

オイルスネアー
高粘度油を絡ませ付着させる資材、捕獲材とも呼ばれる。ＯＦの役割もある。

(平成９年１月石川県珠洲市)

図３-53　油吸着材の使用例－２

潮間帯に漂着した油の洗い出し
海岸を吸着フェンス又はＯＦで包み、その中に流れた油をシート型油吸着材等で回収。

(Ｈ２マリタイムガーデニア、Ｈ６豊孝丸等で実施)

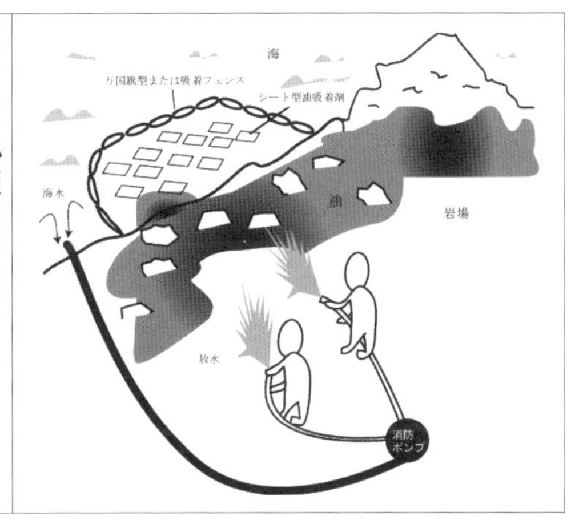

第４章　薬剤（油処理剤、油ゲル化剤）

１．薬剤について海防法の規定　薬剤とは・・・

油又は有害液体物質による海洋の汚染の防止のために使用する薬剤であって国土交通省令・環境省令で定めるものは、国土交通省令・環境省令で定める**技術上の基準**に適合するものでなければ、使用してはならない(海防法第43条の７、罰則第57条と第59条)。技術上の基準については油処理剤とゲル化剤について夫々運輸省令[50]で定められている

２．粉末ゲル化剤

油等をゲル化（ゴム状に凝固）させ流動性をなくする粉末の薬剤で、高分子ポリマーを主材料に添加剤（安定保存等の為）が混合されている。高分子ポリマーは油分に接すると油を組成内に封じ込めて流動性を制限する性質がある。その結果、油を捕捉する機能及びネットワーク形成機能（分子間の絡みつき）が作用してゲル化油が生成される（**図３-61**）。油に粉末を散布するとゲル化し、手で掴み取ることもできる状態になる。しかし、粉末のまま散布すると油と会合しない粉末はそのまま残り（**図３-62**）飛散するため、一般的にはチューブ状、マット状の袋の中に粉末を入れて油吸着材の様に使用される。ゲル化する事で軽質油、ガソリン等の可燃性ガスによる引火性を抑制する効果もある。現在ゲル化剤は粉末が製造され、液体ゲル化剤は製造されていない。粉末ゲル化剤の技術上の基準は、①引火点は61℃を超える。②海面に浮き容易に回収できる。③対生物毒性は、スケレトネマ・コスタツム[51]を一週間10kg につき当該粉末油ゲル化剤を１g 以上加えた液で培養した時に死滅しないものであり、かつ、ヒメダカ[51]を24時間10ｋｇにつき当該粉末油ゲル化剤を30ｇ以上加えた液で飼育した時にその50％以上が死滅しないものであることと規定されている。

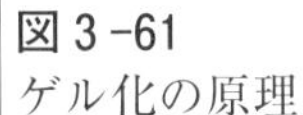
図３-61
ゲル化の原理

図と写真は　㈱アルファジャパンの提供

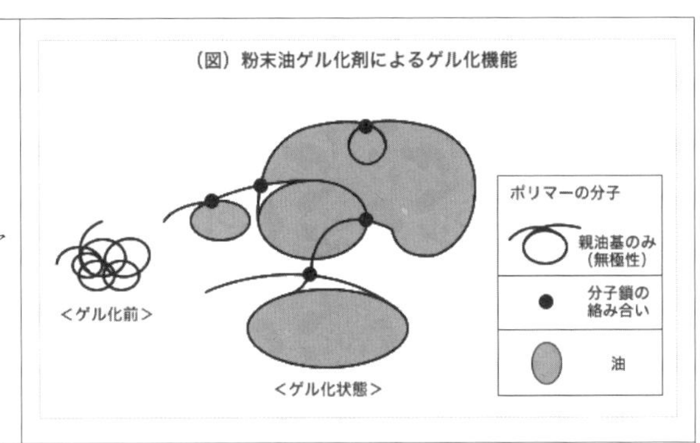

図３-62
ゲル化した油
油と会合しなかった白い粉末はそのまま残る。

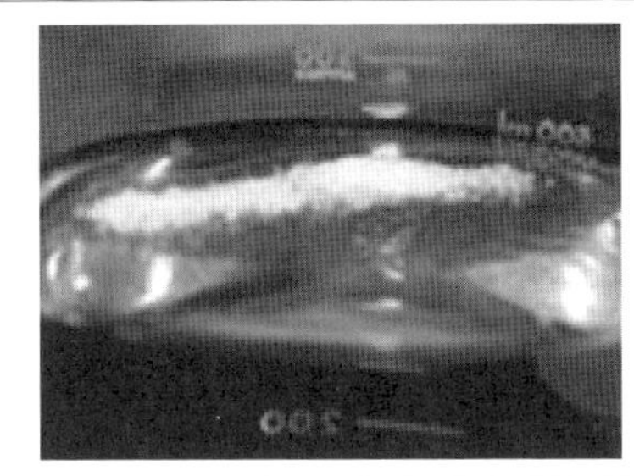

図３-63　粉末ゲル化剤と製品

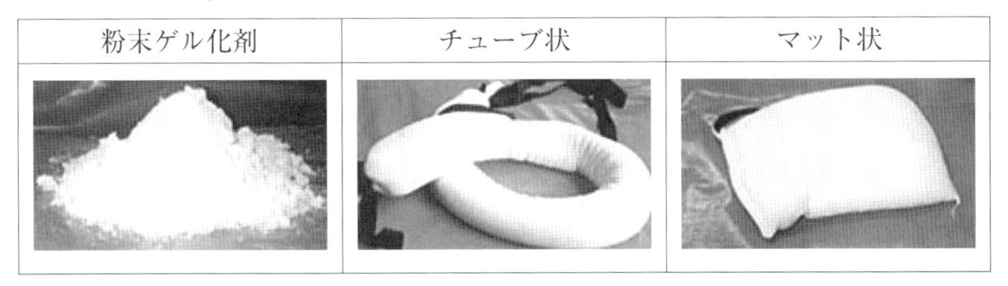

３．油処理剤

（１）　使用すべきか否か・判断

流出油事故が発生した時、油処理剤を使うか否かの判断は、非常に重要である。油処理剤による流出油の防除は、回収する作業に比べ簡単で有効な場合もあるが、油の種類、状態そして海域により使用すべきでない事も少なくない。これらの判断は、後述する国の指導「流出油用処理剤の使用基準」、油の性状や風化の度合い、現場での簡易試験から検討した上で判断し、是の場合は、漁業関係者等へ説明・合意を得て行われる。

（２） 目的と仕組み

油処理剤には油を分解したり、毒性をなくしたりする働きはない。石けんのように水と親しい部分（親水基）と油に親しい部分（親油基）の両方をもつ界面活性剤と溶剤で構成された物質である。石けんが油汚れを落とすのと同じように、界面活性剤の親油基が油に、親水基が水にくっつこうとすることで油を小さな粒にして微生物などによる分解を助けている。しかし、微生物が分解できるほど小さくなった油の粒とはいえ、油は毒性をもったまま他の生物に取り込まれてしまう可能性がある。一方の溶剤についてはその成分が問われているが、企業秘の事が多く公開されていない。

図３-64
顕微鏡写真
微粒子化したＡ重油の粒、径は50～120μｍ

海上防災83号

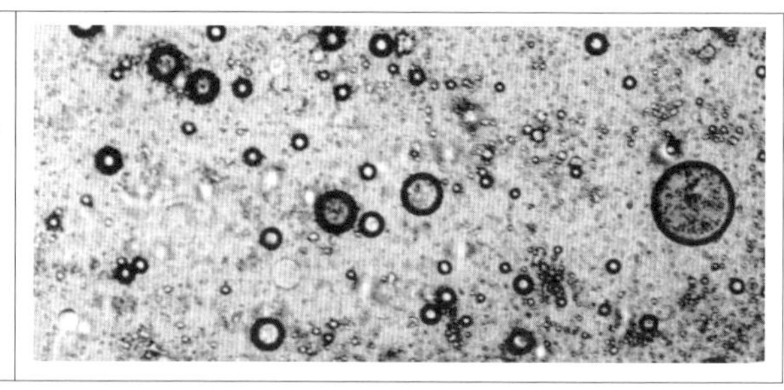

（３） 散布

海面上の油に油処理剤を散布すると、油が微粒子化し水中に分散し、自然界の中で生化学的に分解されやすくなる。このような微粒子化は、流出している油の粘度により限界があり散布前に、前述の情報、テストにより確認する。油処理剤による影響は、開放性の沖合海域では水中での拡散が大きく時間の経過と共に希釈され生物へは殆どないが、閉鎖海域や浅海域で海水の出入りの少ない場所では、希釈性が悪く影響は出るため使用は避ける。また、工業プラント等のある港内では、取水口があちこちにあり、この中に油分が入り込むと大変な問題を生じることになる。散布方法は、直接噴霧散布を行いピックアップノズルにより散布は効果が薄く避ける。散布方法は、航空機、船舶から行われる。

図３-65　事前テスト
　採取したサンプル油を３種の油処理剤でテスト
　海水温度８℃、気温４℃
　薬剤対油　１対１

(平成９年、ナホトカ)

図３-66
作業船から
ブームベインにより散布

図２-39参照

図３-67

ヘリコプターによる散布
吊り下げ式

（4） 種類

現在、我が国では、通常型、高粘度型、自己攪拌型（セルフミキシング）の3グループの油処理剤が市販されている。通常型は、粘度3,000cSt[52]程度までの油に効果があり、散布量は流出油の20%、散布後の攪拌が必要である。一方自己攪拌型は、10万 cSt 以下の高粘度油に効果があり、散布率5%、攪拌は不要である。

（5） 法律上

油処理剤は、海防法と施行規則により、その備え付け、使用基準、規格等が定められた薬剤で、これらの法規を受けて、型式承認の基準が作られている。型式承認は、国土交通省令・環境省令で定める技術上の基準に適合していることの証明となる。

（備え付け・海防法）

・第39条の3　船舶の所有者、特定油を保管する施設の設置者、係留施設の管理者は、・・・オイルフェンス、薬剤その他の資材を備え置かなければならない。・・・

（油処理剤の備える要件）

・規則第33条の3二、イ、「薬剤の技術基準省令」に掲げる要件を備えている事

・薬剤の技術基準省令　イ、引火点は60℃をこえるもの、ロ、界面活性剤の生分解度は7日目の値と8日目の値の平均値が90%以上、ハ、対生物毒性はスケレトネマ・コスタムツを一週間当該油処理剤の含有量が1万 cm^3 につき1 cm^3 以上の溶液で培養した時に死滅しないものであり、かつ、ヒメダカを24時間、該油処理剤の含有量が1万 cm^3 につき $30cm^3$ 以上の溶液で飼育した時にその50%以上が死滅しないものであること（平成12年12月22日、運輸省令第43号）

（6） 毒性について

現行の法律が求める毒性試験は前述の様に、淡水魚ヒメダカと淡水の藻を基準に、海洋とは異なる真水を条件としている。漁業者が実際に漁獲する海洋魚や海藻との違いについては気になるところである。油処理剤の目的は油を微粒子にして、分散拡散させることで油処理剤自体の毒性は現在

低く抑えられている。しかし、水面を浮遊する油と油処理剤で分散された油には、カメの甲のような形をしたベンゼン環の数や結合する位置の違いによる沢山の種類の多環方香族炭化水素（PAHs） が含まれている。PAHsは水中生物に発癌性，催奇形性、毒性など強い影響を残す事が知られ、近年このPAHs を油濁の指標値と使われことが多くなっている。欧州化学品庁（ECHA）や米国環境保護局（EPA）では、食品安全管理の観点から、毒性等の強いPAHsを厳しく規制対象としている。日本でもPAHsに関する対応の検討の重要性が高まっている[53)]。この観点から油処理剤の使用について評価しておく必要がある。国立研究開発法人水産研究・教育機構　瀬戸内海区水産研究所 環境保全研究センターでは、海の魚への影響について研究し、「油処理剤がA重油の毒性を強める働きがあること、海産魚は淡水魚にくらべて油処理剤の影響を受けやすいこと」等について指摘し、その成果物を「油濁情報NO14」で指摘している[54)]。

表3－5
米国環境保護局が規制する優先汚染物質PAHS 16種類

物質名	構造式	CAS番号	物質名	構造式	CAS番号
ナフタレン		91-20-3	アセナフチレン		208-96-8
アセナフテン		83-32-9	フルオレン		86-73-7
アントラセン		120-12-7	フェナントレン		85-01-8
フルオランテン		206-44-0	ピレン		129-00-0
ベンゾ[a]アントラセン		56-55-3	クリセン		218-01-9
ベンゾ[b]フルオランテン		205-99-2	ベンゾ[k]フルオランテン		207-08-9
ベンゾ[a]ピレン		50-32-8	ベンゾ[ghi]ペリレン		191-24-2
インデノ[1,2,3-cd]ピレン		193-39-5	ジベンゾ[a,h]アントラセン		53-70-3

注）CAS番号は、化学物質を特定するための番号

（7） 国の指導

［資料］ 流出油用処理剤の使用基準
（昭和48年2月2日官安第21号運輸省官房長通達）
（昭和49年8月13日官安第168号運輸省官房長通達）

この基準は、海上に流出した油類の処理に使用する流出油用処理剤（以下「処理剤」という）について油による被害を有効に防止するとともに、処理剤による二次的な影響等を防止することを目的とする。なお、この基準は、**今後の研究開発の進展に応じ必要な改正を行うものとする**。

1　使用方法

（1）処理剤は、次のいずれかに該当する場合を除き、使用してはならない。

イ　火災の発生等による人命の危険又は財産への重大な損害が発生し、又は発生するおそれがあるとき。

ロ　他の方法による処理が非常に困難な場合であって、処理剤により、又は処理剤を併用して処理したほうが海洋環境に与える影響が少ないと認められるとき。

（2）次のいずれかに該当する場合には、（1）ロに該当する場合であっても、処理剤を使用してはならない。但し、特別な事情がある場合はこの限りではない。

イ　流出油が、軽質油（灯油、軽油など）、動物油又は植物油であるとき。

ロ　流出油がタール状又は油塊となっているとき。

ハ　流出油が水産資源の生育環境に重大な影響があるとされた海域にあるとき。

（3）使用に際しては、下記の事項に留意しなければならない。

イ　原則として散布器を使用すること。

ロ　散布量に注意し、特に過度の散布にならぬこと。なお、標準的な規格の処理剤が効果的に作用する場合には、油量の20～30%が適量である。

ハ　散布後には直ちに十分な撹拌を行うこと。

ニ　できるかぎり風上から散布し、とくに風が強い場合には、油面の近くで散布する等により、処理剤の散逸を防ぐこと。

ホ　散布作業員は、顔面その他皮膚の露出をさけること。

ヘ　処理剤で成分を分けて保有するものの混合は計量器、撹拌器等を用いて正確に行うこと。

2　処理剤の規格（1）処理剤の規格等　処理剤は、以下に定める規格を有するものでなければならない。

イ　引火点は、摂氏75度以上であること。

ロ　動粘度は、摂氏30度において50センチストークス以下であること。

ハ　乳化率は、静置試験開始後、30秒で40パーセント以上あり、かつ、10分で20パーセント以上であること。

ニ　界面活性剤の生分解度は、生分解試験開始後７日目の値と８日目の値との平均値が90パーセント以上であること。

ホ　対生物毒性は、スケレトネマ・コスタツムを１週間、当該油処理剤の含有料が１万立方センチメートルにつき１立方センチメートル以上の溶液で培養したときに当該スケレトネマ・コスタツムが死滅しないものであり、かつ、ヒメダカを24時間、当該油処理剤の含　有量が１万立方センチメートルにつき30立方センチメートル以上の溶液で培養したときにその50％以上が死滅しないものであること。

ヘ　当該油処理剤により処理された油が微粒子となって海中に分散するものであり、かつ、当該処理された油が海底に沈降しないものであること。

３　雑則

（１）関係者協議会　管区海上保安本部を中心に、地方公共団体、漁業者、海運・石油関係事業者等で構成される関係者協議会を設置し、１（１）ロの具体的な判断事項、１（２）ハの海域の具体的な範囲その他必要な事項について協議決定するものとする。

（２）処理剤の企画等の広報等　海上保安試験研究センターは、認定試験の結果、処理剤の認定、市販されている処理剤試　験結果、処理剤の認定の取消等につき、関係者への周知徹底をはかるものとする。

（３）使用基準の適用

イ　この使用基準は、昭和49年７月16日から実施する。

ロ　現に備蓄されている処理剤は、昭和51年７月15日まで基準に適合しているとみなされる。

この通達が出されたのは、半世紀程も前であるが、現在も廃止されずに生きつづけている基準である。しかし、違反しても罰則がある訳でなく、タール状の油塊や灯油・軽油などの流出事故で、油処理剤が散布されることがしばしばあった。近年、研究開発の進展があることから、そろそろ改正が必要な時機にある（個人的意見）。

第三編

対応機関

第１章　原因者

油濁の対応は原則、原因者の法律上の義務である。海難を原因とする場合、船舶油濁損害※１を軽減させる事は原因者の責務とし、損害賠償（民法の不法行為）だけでなく、現場の防除措置の専門的な実務をも義務として課している（海防法第39条）。具体的には、油濁事故が発生した時、現地にサーベイヤー（鑑定人）が急派されて、原因者の立場で、必要な防除措置の実行と損害賠償の調査を行い、クレームマニュアル（請求の手引き）により損害対応に当たる事が多い。これは、船会社が契約しているＰＩ保険会社からの派遣で、状況により防除措置については次項で説明する海上災害防止センター（ＭＤＰＣ）に２号業務を契約する事もある。更に、この油濁対応の国際的整合性をとる必要性から、保険会社の要請を受けてＩＴＯＰＦ（国際タンカー船主汚染防止連盟）から、防除技術上の助言のため専門家が派遣[55]される事例も増えている。平成９年のナホトカの場合、現地にはサーベイヤー４～５名、ＩＴＯＰＦから２～３名、そしてＭＤＰＣから４～５名が福井、京都、石川県等の現地で、油の回収とその付随する業務に当たった。ＩＴＯＰＦの専門家の受け入れは、初めての事で当時、彼らに特筆できる技術能力があるとは感じなかった。更に会話能力と国情意識の違いに当惑する事もあった。海難以外の陸域からの油濁損害についても、損害賠償と防除作業はセットで、原因者が加入する損害保険が対応している。しかし、資力のない会社や個人が突然或る日原因者となった時、破産や夜逃げ等の悲劇もあると言われている。

※１　第一編第４章「流出油による被害と防除の目的」参照

第２章　海上災害防止センター（ＭＤＰＣ）

海上災害防止センターは1976年（昭和51年）に海防法の改正に合わせ発足し、流出油事故が発生した時、原因者からの委託等により防除措置を実施している。当時、国内で頻発する大規模な流出油事故に対し、対応能力の備わった防除措置組織の存在が社会的にも求められていた。 この防除措置業務は、昭和52年から海上保安庁長官からの指示（１号業務）又は原因者の委託を受け（２号業務）開始され、現在（令和２年12月）までに１号業務は13件、２号業務は165件、他にも指導助言（７号業務）を数多く実施している。組織はこの43年間で２度の見直しが行われ、2003年（平成15年）にそれまでの認可法人から独立行政法人に名称が変更、更に2013年（平成25年）に解散し、一般財団法人として、独立行政法人海上災害防止センターの防除資機材等の資産を継承して、同センターと同様の事業を引き継ぎ、海上保安庁長官の指定海上防災機関となっている。ＭＤＰＣは海上災害の発生及び拡大の防止のための措置を実施する業務を行うとともに、海上防災のための措置に必要な船舶、機械器具及び資材の保有、海上防災のための措置に関する訓練等の業務、海上災害の防止に関する国際協力の推進に資する業務等※２を行うことにより、人の生命及び身体並びに財産の保護に資することを目的としている。 前記業務の外に受託業務ＭＤＳＳ（海上災害セーフティサービス）※３等を行っている。１号と２号業務は、全国85港湾の防災事業者・160社と排出油防除措置に関する契約を平時から交わして、ある日突然発生する油濁事故への備えを維持している。末尾に私が経験した２号業務の記録資料３（泰光丸）と資料４（ナホトカ）を添付する。

※２　「海防法第42条の25」に次の業務を行うの規定があって、その規定順に１号業務、２号業務、３号業務（資機材の保有等)、４号業務（訓練)、５号業務（調査研究)、６号業務（情報収集等)、７号業務（指導助言)、８号業務（国際協力)、９号業務（前各号に付帯する業務)、加えて、センターの定款に、10号業務として、湖沼・河川等を含む陸域での事故対

応業務を規定している。

※3　臨海部にある石油企業等を対象に、平時に契約を交わし、有害液体物質や油等の流出事故が発生した時の対応、情報提供、合同演習の実施等を行う業務、ＭＤＳＳは Maritime Disaster Safety Service の頭文字をとったもの（海上防災161号に詳細記事）。

第3章　公益財団法人 海と渚環境美化・油濁対策機構（以下機構と呼ぶ）

機構は、原因者不明の流出油による漁場油濁の拡大防止、清掃と漁業被害の救済を目的として、昭和50年に設立された（財）漁場油濁被害救済基金と（社）海と渚環境美化推進機構（海と渚の環境美化、水産資源の保護及び海洋環境の保全活動への調査、支援等を目的として、平成4年に設立された）が平成23年10月に合併し、（財）海と渚環境美化・油濁対策機構となりその後、平成25年4月に公益財団法人海と渚環境美化・油濁対策機構となった。その業務には次の（1）と（2）の二事業がある。

（1）　海と渚環境美化事業（略）

（2）　油濁対策関連事業、この事業には次の①～④の業務がある。

①　原因者が判明しない漁場油濁による漁業者に対する救済金の支給

②　原因者が判明しない漁場油濁の拡大防止・汚染漁場の清掃に要した費用の支弁

③　原因者が判明しているにもかかわらず、原因者が防除清掃をしない場合に漁業者が行う防除清掃費の立替及び船主責任限度額以上の防除清掃費がかかった場合に漁業者へ限度額以上の費用の支弁、「特定防除事業」※4と呼んでいる

④　漁場油濁被害防止等に関する、調査研究及び漁業者等への知識の啓発・普及・指導等（実際に該当する油濁事故が発生した時、専門家として派遣されて漁業者を支援する「漁場油濁被害対策専門家派遣事業」、漁業者を対象とする講習会、情報誌「油濁情報」の刊行はこの④が根拠となっている）

※4「特定防除事業」は、平成15年9月から始まった。原因者が判明しているが、原因者による防除措置が行われない事による漁場油濁の拡大の防止及び汚染漁場の清掃に要した費用を支弁する事業で　①船主責任保険（PI 保険）に未加入や低額加入、故意、不穏当な航海あるいは保険金の未納等による保険免責、②船主等への連絡不能、③船主等に資力がない（破産）等の理由により、原因者による防除措置及び

清掃作業が行われない時、漁場油濁の拡大を防止するために、漁業者が防除作業を実施した場合、それに要した費用を支弁（代位弁済）する事業で、対象は漁業者となっており、一事故あたり1,500万円の上限を設けている。また、あくまでも原因者の責任を追及することが必要であることから、原因者への油防除・清掃作業費用も含めた損害賠償を請求することとしている。末尾資料２-58貨物船 DERBENT の油回収はこの事業の一つで今日まで３件の実績がある。

第４章　公的機関

１．海上保安庁（以下海保と呼ぶ）

海保は、流出油事案が発生した時、原因者が適切な防除を行えるように指導・助言を行うとともに、大規模な場合や原因者の対応が不十分な場合、海保長官は防除義務者に対し防除措置を命ずる。更に、自らも防除活動を行う（海上保安庁法第５条⑪、国家緊急時計画第３章第５節[59]）

２．国家的緊急時計画（平成18年12月８日）

平成９年我が国は、OPRC 条約[56]の批准に際し、「油汚染事件への準備及び対応のための国家的な緊急時計画（以下国家的緊急時計画という）」を閣議決定（平成９年12月19日）した。その後平成18年、油以外の危険物及び有害物質による汚染事故についても規定されたOPRC-HNS 議定書[57]第４条の規定に基づき「油等汚染事件への準備及び対応のための国家的な緊急時計画について」が閣議決定され、平成９年の前記閣議決定は廃止された。国家緊急時計画（平成18年12月８日）の構成は次の様になっている。

第１章 序説は、第１節 計画の目的、第２節 他の計画との関係

第２章 油等汚染事件に対する準備に関する基礎的事項では、第１節 油等汚染事件に対する情報の総合的な整備、第２節 対応体制の整備、第３節 通報・連絡体制の整備、第４節 関係資機材の整備、第５節訓練等、第６節 近隣諸国等との協力体制

第３章 油等汚染事件に対する対応に関する基礎的事項では、第１節 保護対象についての基本的な考え、第２節 対応体制の確立、第３節 油等汚染事件に関する情報の連絡、第４節 油等汚染事件の評価、第５節 油等防除対策の実施[59]、第６節 資機材等に関する情報の提供等、第７節 防除作業実施者の健康安全管理、第８節 野生生物の救護の実

施、第９節 漁場保全対策の実施、第10節 海上交通安全の確保及び危険防止措置、第11節 広報等、第12節 事後の監視などの実施

第４章 関係行政機関等の相互の連携等では、第１節 国家的な連携、第２節 地域的な連携

第５章 その他の事項は、第１節 調査研究、技術開発の推進、第２節 計画の見直し

３．地域防災計画

地域防災計画は、災害対策基本法（以下法と呼ぶ）第40条に基づき、各地方自治体（都道府県や市町村）の長が、それぞれの防災会議に諮り、防災のために処理すべき業務などを具体的に定めた計画である。法第２条第１号は、「災害」とは暴風、豪雨、豪雪、洪水、地震、津波、噴火等の異常な自然現象、又は大規模な火事若しくは爆発…・これらに類する政令で定める原因により生じる被害」と定義している。油流出事故についても法施行令第１条に定める、「大規模な事故」の場合は、「災害」に該当して同法の適用を受けた対応がとられる事となっている。これを受けて、大量の油が漂着した市町村は対応せざるを得ないことから、地域防災計画の中に流出油対策編を追加して取り組んでいる地方自治体が多い。この計画により、県・市、町は自らの判断で緊急時に地域の住民、生活を守るため油の回収に積極的に当たるようになってきた。

第四編
国際協力

1．北西太平洋地域海行動計画（NOWPAP：Northwest Pacific Action Plan）

1997年４月、長崎県対馬の西方の韓国領海で座礁したタンカーから流出した燃料油（Ｃ重油）が日本の対馬の西海岸に漂着する事故（資料１-41）が発生した。この様に流出油の影響が一国に留まらない事故が、地中海、北海等の閉鎖性海域でも頻発していた[58]。当時の日本は、国際協力等を取り決めたOPRC条約[56]による「国家的緊急時計画」(第４章参照)を閣議決定していたが、まだ具体的な国際協力の枠組みができていなかった。国際協力の枠組みはＵＮＥＰ（国連環境計画）が1974年から取り組んでいたが、1994年９月ＵＮＥＰは、ソウルで、日本、韓国、中国、ロシアの政府間会合を開き、日本海及び黄海沿岸諸国の海洋汚染防止・緊急対応の国際協力を推進することを内容とする「北西太平洋地域海行動計画（ＮＯＷＰＡＰ)」を採択した。その活動は（１）地域環境の実況調査　（２）環境データーや情報の管理　（３）沿岸計画・管理に向けた生態系アプローチの開発と応用　（４）**海上の油・有害物質流出時における効果的な相互協力の実施**　（５）**海洋・沿岸汚染の防止**の５項目で、流出油事故が発生した時の国際協力の根拠となっている。適用海域は、北緯33度から北緯約52度、東経121度から東経143度の、日本海と黄海である。2005年から事務局（ＲＣＵ）を釜山と富山において活動を開始している。日本、韓国、ロシア、中国には、地域活動センター（ＲＡＣ）が設置され毎年のように政府間協議は実施されている（北朝鮮は参加していない)。日本では富山の（公財）環日本海環境協力センターが地域活動センターに指定されている。2007年12月韓国で発生したタンカー事故（資料１-56）では、韓国政府は本計画に基づく協力要請を日本、中国、ロシアに行い、日本と中国は、大量の油吸着材を緊急輸送している。1997年のナホトカ号では、ロシアから油回収船団が能登半島沖合に派遣され、韓国からは専門家グループが調査で現地入りしたが、日本側ではロシア回収船団への支援、韓国の専門家への支援を行った（これらの行為がNOWPAPを根拠にしたのかははっきりしていないが)。

NOWPAPによる流出油対応の合同訓練は今日まで３回行われている。

１回目は2006年５月サハリン・アニワ湾で日本とロシア（中国はオブ

ザーバーで参加)
2回目は2008年9月中国青島で、中国と韓国(日本はオブザーバーで参加)
3回目は2018年10月に日本舞鶴で日本とロシア(ロシアから回収船が参加)
https://www.mlit.go.jp/sogoseisaku/ocean_policy/sosei

2．アセアン海域における大規模な油流出事故への準備および対応に関する国際協力計画(ＯＳＰＡＲ計画)

1990年から実施していた政府レベルのアセアン海域を対象とした海外技術援助事業で第1回 OSPAR 協力会議が1992年フィリピンマニラで、アセアン5ヵ国(ブルネイ、インドネシア、マレーシア、シンガポール、タイ)の油防除対応官庁の責任者を招請して開催された。1993年よりフィリピン、インドネシア、シンガポール、タイ、ブルネイおよびマレーシアの6カ国に対して資機材の供与が行われた。この計画によってアセアン6カ国政府のオイルフェンスは12倍、油回収機の保有台数は4倍になりアセアン海域における油防除能力を飛躍的に向上させたが、その後活動は休止状態になっている(詳細は海上防災73号)。

あとがき

私が海上災害防止センターで勤務した昭和58年からの21年間は、国内外で大小様々な油濁事故が頻発していた時であった。私も多くの現場に派遣されたが、どれもが大変な出来事で、時が経っても記憶は褪せずに残っている。他の事故も書庫で、公的機関が作った分厚い記録を目にしていたが、これらには所謂「失敗談」も多く、表紙に「取り扱い注意」の朱印も目に付いた。私の体験した現場の出来事の幾つかは「海上防災」等に寄稿していたが、失敗の事実や反省点を載せたとき、様々なクレームを受けることがあった。以来、その部分は避ける傾向が心理的に起きていた。日本は「失敗から学ぶこと」は不得意な分野で似た失敗が繰り返されているように見える。私は退職する時、上司から「佐々木君の経験した事を記録に残して欲しい・・・」と言われていた。退職後は「海と渚環境美化・油濁対策機構」の専門家と川のNPO の要員として、求めがある時海と川の現場に派遣されて支援に当たってきたが、15年を経てこの件数も30件を超えていた。これらの一つ一つも忘れられない記憶となった。その様な機会を与えて下さった諸先輩等への感謝、そして私も高齢になった事が本書の作成を急がせた（遅くなってしまったが)。この原稿を作りながら、資料と記憶の確認などを行ったが、記録として残したいと思った事は多すぎて、とても私の能力と本書の頁数では書ききれず、本文に「海上防災〇〇号に詳細」等と載せているので関心のある方は、是非その引用元も確認して頂きたい。資料１と２は、特に注目された海外と国内の事例を、資料３と４は、海上防災に寄稿した「私の油濁見聞記」の中から２編を載せている。本書の作成に当たり、資料の提供と支援を頂いた海上保安庁、海上災害防止センター、オイルフェンス、油吸着材のメーカー、回収装置等の輸入商社そしてイラストレーター加藤都子氏と出版に際し協賛して頂いた㈱タナカ商事社長、編集と製本でお世話になった銀の鈴社の皆様に深謝申し上げます。

資料編

資料1 世界の主要な油濁事故一覧表

NO	タンカー船名等	年月日、 場所	油	因	NO	タンカー船名等	年月、場所	油	因
1	TORREY CANYON	1967.3.18 英	原	座	38	**SEA PRINCE**	1995.7.23 韓国	原	座
2	**SEA STAR**	1972.12.19 オーマン湾	原	衝	39	SEA EMPRESS	1996.2.15 英	原	座
3	**URQUIOLA**	1976.5.12 スペイン	原	座	40	NAKHODKA	1997.1.2 日本	C	折
4	ARGO MERCHANT	1976.12.15 米	C	座	41	OH SUNG 3	1997.4.3 韓国	C	座
5	HAWAIIAN PATRIO	1977.2.23 米	原	折	42	DIAMOND GRACE	1997.7.2 日本	原	座
6	AMOCO CADIZ	1978.3.16 仏	原	衝	43	EVOIKOS	1997.10.15 シンガポール	C	衝
7	**BETELGEUSE**	1979.1.8 アイルランド	原	爆	44	PONTOON300	1998.1.6 UAE	C	沈
8	ANTONIO GRAMACI	1979.2.27 スウェーデン	原	座	45	**ESTRELL PAMPEANA**	1999.1.5 アルゼンチン	原	衝
9	**油田 IXTOC Ⅰ**	1979.6.3 メキシコ湾	原	暴	46	ERIKA	1999.12.12 仏	C	折
10	**ATLANTIC EMPRESS**	1979.7.19 トリニダード	原	衝	47	NATUNA SEA	2000.10. シンガポル	原	座
11	**INDEPENDENTA**	1979.11.7 トルコ	原	衝	48	AMORGOS	2001.1.14 台湾	C	座
12	TANIO	1980.3.6 マダガスカル	C	折	49	**ランブール**	2002.10.6 イエメン	原	テロ
13	JOSE MARTI	1981.1.7 スウェーデン	C	座	50	PRESTIGE	2002.11.16 スペイン	C	折
14	KATINA	1982.6.7 オランダ	C	衝	51	OVERSEAS COLMAR	2005.11.15 サハリン東	C	座
15	NOWRUZ 油田	1983.2.10 イラン	原	戦	52	**レバノン空爆による**	2006.7.13 レバノン	C	テロ
16	**CASTILO DE BELLVER**	1983.8.6 南アフリカ	原	爆	53	SOLAR 1	2006.8.11 フィリピン	C	沈
17	**SIVAND**	1983.9.28 英	原	衝	54	COSMO BUSAN	2007.11.7 米	C	衝
18	ALVENUS	1984.7.30 米	原	座	55	VOLGONEFT139	2007.11.11 ロシア	C	折
19	**PUERTO RICAN**	1984.10.31 米	潤	爆	56	HEBEI SPIRIT	2007.12.7 韓国	原	衝
20	**POTMOS**	1985.3.21 イタリア	原	衝	57	PACIFIC ADVENTURER	2009.3.18 オーストラリア	C	コ
21	**ODYSSEY**	1988.11.10 大西洋	原	折	58	EAGLE OTOME	2010.1.23 米	原	衝
22	EXXON VALDEZ	1989.3.24 米	原	座	59	**油田デーブホライズン**	2010.4.20 メキシコ湾	原	暴
23	**MEGA BORG**	1990.6.8 米	原	衝	60	**中国石油 大連**	2010.7.16 中国	原	爆
24	RIO ORINOCO	1990.10.16 カナダ	C	座	61	RENA	2011.10.5 NZ	C	座
25	ペルシャ湾原油流出	1991.1 サウジアラビア	原	戦	62	ALFA 1	2012.3.5 ギリシャ	C	座
26	**AGIP ABRUZZO**	1991.4.10 イタリア	原	衝	63	**BUNGA ALPINIA**	2012.7.26 マレーシア		爆
27	**HAVEN**	1991.4.11 イタリア	原	折	64	**中国青島爆発**	2013.11.22 中国	原	爆
28	**ABT SUMMER**	1991.5.28 アンゴラ	原	爆	65	バージ船	2014.3.22 米	C	衝
29	**KIRKI**	1991.7.21 豪	原	折	66	ALYARMOUK	2015.1.2 シンガポール	原	衝
30	**MINGBULAC**	1992.3.2 ウズベキスタン	原	暴	67	DAWN KANCHIPURAM	2017.1.28 インド	C	衝
31	**NAGASAKI SPIRIT**	1992.9 マラッカ海峡	原	衝	68	AGIA ZONI Ⅱ	2017.9.10 ギリシア	C	沈
32	**AEGEAN SEA**	1992.12.3 スペイン	原	座	69	GLOBAL APOLLON	2017.8.3 中国	パ	衝
33	BRAER	1993.1.5 英	原	座	70	**SANCHI**	2018.1. 東シナ海	コ	衝
34	**MAERSK NAVIGATOR**	1993.1.21 インドネシア	原	衝	71	BOW JUBAIL	2018.6.23 オランダ	C	衝
35	MORRIS	1994.1 プエルトリコ	C	座	72	WAKASHIO	2020.7.25 モーリシャス	C	座
36	**NASSIA**	1994.3.13 トルコ	原	衝	73	**NEW DIAMOND**	2020.9.3 スリランカ	C	爆
37	SEKI	1994.3.31 UAE	原	衝					

注）油は油種、因は原因を、太字は爆発・火災を伴った事故を示す

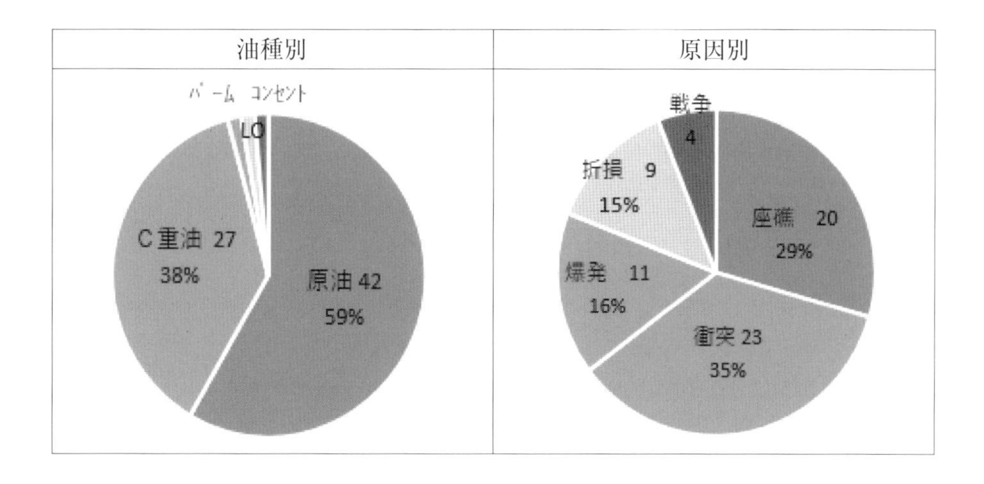

世界の主要な油濁事故一覧

船種 船名 （国籍、トン数：載貨重量トン数又は総トン数） 年月日、場所 原因、流出油 記事	出典
1．タンカー TORREY CANYON（リベリア、118,285DWT） 1967.3.18、英国南西端シリー諸島（航行中） 座礁、クウェート原油11.9万トン流出　3月26日船体が二つに折れる、空爆して燃やした。 英仏の海岸300km に漂着、この事故を契機に73MARPO 条約（新造タンカーに分離バラストタンクなど）が締結された	The Guardian, 20 March 1967～
2．タンカー SEA STAR（韓国、120,300DWT） 1972.12.19、オマーン湾（航行中） タンカー（11万 DWT）と衝突、サウジ原油12万トン 爆発炎上、5日後に沈没、乗組員31名中12名死亡	国土交通省「主要なタンカー油事故流出について」
3．タンカー URQUIOLA（スペイン、111,225DWT） 1976.5.12、スペインコルーニャ港（航行中） 入港時座礁、離礁の後再座礁、爆発沈没、サウジ原油11万トン 激しい爆風により民家の窓ガラスが割れた。沿岸に油漂着。船長死亡	国土交通省「主要なタンカー油事故流出について」

4. タンカー ARGO MERCHANT（18,743GT ） NOAA Incident News

1976.12.15、（座礁）、21（船体折損）、米国ボストン沖（航行中）

座礁船体破断船首部沈没、船尾部漂流再座礁　C 重油2.9万トン

当初離礁のため船長は油の投棄を求めたが不許可、ADAPTS により船体救助も失敗、大波により船体が破壊し深刻な海洋汚染となる。73MALPOL 条約を改定・強化するきっかけを作った

5．タンカー HAWAIIAN PATRIOT（99,447DWT）

1977.2.23、ハワイホノルルの西330海里（航行中）

船体にクラック、**爆発炎上**２日後沈没、ブルネイ原油1.7万トン流出

乗組員39名中１名死亡、油の陸地への漂着はない

6．タンカー AMOCO CADIZ（リベリア、228,513DWT） ナショナルジオグラフィック JULY 1978

1978.3.16、仏ブルタニュー沖、

舵故障・漂流・座礁、船体２つに破壊、アラビアン原油26万トン中17万トン流出

海浜400km に漂着

7．タンカーBETELGEUSE（仏、12万 DWT） 海上防災22号23号

1979.1.8、アイルランドパントリー湾シーバース（係留中）

爆発炎上、船体が３つに折れる

乗組員、シーバース作業員51名死亡、裁判所で調査、再発防止45項目を勧告

8．タンカー ANTONIO GRAMACI（ソ連、27,694GT） IOPCF 年次報告書1984版

1979.2.27、バルチック海

座礁、原油5,500トン流出、

スウェーデン海岸に油漂着

9．海洋油田 IXTOC Ⅰ NOAA Incident News、海上防災３、４、14号

1979.6.3、メキシコカンペチア沖80km 海底油田

原油と天然ガス暴噴**爆発炎上**、64万 kl

油はメキシコと500km離れたテキサス沿岸を汚染、70％海水を含むエマルジョン

10．タンカー ATLANTIC EMPRESS（ギリシア、292,666DWT） 海上防災３号

1979.7.19、カリブ海（トリニダード・トバゴ北方カリブ海、航行中）

タンカーエイジャン・キャプテン（21万 DWT）と衝突・**爆発炎上**・船尾沈没、UAE 原油27万 KL 流出、両船とも**炎上**、エ号は３日後に消火、港に曳航された

乗組員32名中29名死亡、史上最悪の流出事故と報道、海面**火災**が2.5km まで拡がる

11．タンカー INDEPENDENTA（ルーマニア、164,004DWT ）

Wikipedia　MT INDEPENDENTA

1979.11.15、イスタンブール沖マルマラ海（錨泊中）

貨物船 Evriali（5,298GT）が左舷第３、４タンクに衝突**爆発炎上**、リビア原油9.5万トン流出

12月14日沈没、乗組員45名中42名死亡、４海里離れた町に爆風と黒煙、民家ガラス割れる

12. タンカー TANIO（マダガスカル、28,572DWT） IOPCF 年次報告書1987版

1980.3.7、フランスブルタニュー　35海里沖合い（荒天航海中）

荒天船体二つに折損、C 重油2.6万トン積載、内1.3万トン流出、乗組員 8 名死亡

船首部は 5 千トン積んで沈没、船尾部は 7 千トン積んで漂流 港に曳航瀬取り、海岸200k に大量漂着

13. タンカーJOSE MARTI（ソ連、27,760GT） IOPCF 年次報告書1987版

1981.1.7、スウェーデン東水路（航行中）

座礁、重油 4 万トン積載、内 1 千トン流出

14. タンカーKATINA（ギリシア、） 海上防災53号

1982.6.7、オランダ MASS 海峡（航行中）

貨物船球場船首部と衝突・水面下10m左 4 番タンクに破孔、C 重油1,100トン流出

油回収船 Smal Agt 号等 3 隻で85% 回収、オランダの海岸にムース化した油が漂着

15. 油田 NOWRUZ OIL FIELD（イラン） Noaa Incident News

1983.2.10、ペルシャ湾・イラン領内　　イラン・イラク戦争の最中の流出

タンカーが油井戸に衝突、更にイラクの空爆により破壊され原油噴出26万 kl 流出

翌 3 月にはイラクの空爆を受け**火災**に、キャッピングにより10月に消火、流出が止まった。この作業で11名が死亡、更に近くの井戸も空爆で破壊1985年 5 月のキャッピングまで**火災**と原油噴出が続いた。戦争と**火災**による原油の流出が 2 年間続いた。この時の油はペルシャ湾の沿岸に広く漂着、8 年後の湾岸戦争の時、サウジアラビアジュベール付近海岸に黒いアスファルト道路の様に残っていた。

16. タンカー CASTILLO DE BELLVER（スペイン、271,540DWT） 海上防災27号

1983.8.6、南アフリカケープタウン北西68海里サンダニャ湾（航行中）

火災、**爆発**、二つに折れ、船尾部沈没、UAE 軽質原油30万トン積載、約21万トン流出

船首部は沿岸に寄ったため沖に引き出し沈めた。乗組員36名中 3 名死亡

内陸に油混じりの黒い雨、農作物、牧畜等に被害

17. タンカーSIVAND（英国、218,587DWT） 海上防災53号

1983.9.28、英国東 Humber オイルターミナル（着桟時）

桟橋凸部に衝突・左舷 4 番タンクに破孔、ナイジェリア原油6,000トン流出

軽質油で早期に揮散（流動点20℃、粘度10.6cSt/10℃）。油処理剤散布実施、3 日後に完了

18. タンカー ALVENUS（英国、57,375DWT） Noaa Incident News ALVENUS

1984.7.30、米国ルイジアナ州キャメロン沖（航行中座礁）

座礁、NO 2 番タンク破損、ベネズェラ原油 1 万 kl 流出

テキサス州ガルベストンの浜に漂着、スキマーは全米から集積しかし、容器が少なく回収できない

19. タンカー PUERTO RICAN（米、20,815GT）　　NOAA Incident News　海上防災42号

1984.10.31、サンフランシスコ湾内（航行中）

爆発、船尾部沈没、潤滑油1.4万 kl、C 重油1,300kl 流出

---

20. タンカー POTMOS（ギリシア、51,627GT）　　IOPCF 年次報告書1993年版

1985.3.21、イタリアメッシナ海峡

タンカー（9.2万 GT）と衝突、**火災**、3名死亡、船体放棄の後シシリー島に座礁、

原油700トン流出するも殆どが自然消滅、人命と積み荷の救助が主となり、人命救助等も「防除措置」の範疇に注目された事例

---

21. タンカー ODYSSEY（リベリア、65,000GT）　1988.10までの船名 Oriental Phoenix　IOPCF 報告書1987

1988.11.10、カナダ沖合700海里の大西洋北西部（航行中）

荒天により船体２つに折損、北海原油13.2万トン全量流出

船尾部**火災**沈没、船首部漂流、乗組員27名全員死亡、世界最大のタンカー事故と言われた

---

22. タンカー EXXON　VALDEZ（米国 、241,859DWT）　NTSB 報告書、海上防災60～112号

1989.3.24、 米国アラスカバルディーズ南西25海里、プリンス・ウイリアムサント湾（航行中）

航路を外れ座礁、アラスカ原油20万 kl 搭載、4.1万トン流出（貨物タンク11の内８タンク損傷）

海浜1,570km に漂着　73/78MARPOL 条約改正・二重船殻の義務付けなど

OPRC 条約策定[18] 92MARPOL 条約改正のきっかけとなる

---

23. タンカーMEGA BORG（ノルウェー、　　　）　NOAA news　MEGA BORG oil spill

1990.6.8、米国テキサスガルベストン沖、小型タンカーに原油移送中（入港喫水調整のため）機関室**爆発**２日間で数回**爆発**、**海面火災**、軽質アンゴラ原油1.5万 kl 流出・**炎上**

軽質油のため、多くが蒸発、大量のバイオが散布された最初の事例

---

24. タンカーRIO ORINOCO（ケイマン諸島、5,999GT）　IOPCF 年次報告書1993年版

1990.10.16、カナダセントローレンス湾で座礁、アスファルト9,000トン、燃料300トン積載（航行中）

燃料重油185トン流出、湾内30kmに漂着、アスファルトは流出していない。

荒天により岩場に移動一月後に沈没、10月後浮上させて港に曳航、アスファルト陸揚げ

---

25. ペルシャ湾原油流出（サウジアラビア）　海上防災70～72、171号

1991.1～1991.2、ペルシャ湾（サウジアラビア）

戦争（1991年１月17日に始まる）による油田・タンカー破壊、原油90万 kl

海岸1,500km 汚染、日本はオイルフェンス等の資機材支援、緊急援助隊派遣

26. タンカー AGIP ABRUZZO（イタリア、186,506DWT）
海上防災71号、IOPCF 年次報告書1993年版
1991.4.10、イタリア北西部リボルノ港沖（航行中）
ferry（9.8万 DWT）と衝突、イラニアン原油８万トン内３千トン流出、**海面火災**８日間続く、フェリーの乗客等143名死亡　安全対策が問題化、濃霧の中 EU サッカー試合の TV に夢中
流出した油は、荒天により消滅し油濁被害はない、翌日付近海域で HAVEN の事故

27. タンカー HAVEN（キプロス、232,161DWT）　海上防災71号、IOPCF 年次報告書
1991.4.11、イタリア北西部ジェノバ港沖錨泊中、AMOCO CADIZ の姉妹船
空タンクにスパーク引火**爆発**、船体３つに割れる、イラン原油14万トン中３万トン、仏、英が油の回収支援
油は仏、モナコ、伊に「地中海における最大の汚染事故」と言われている。乗組員６名死亡

28. タンカー ABT SUMMER（リベリア、267,801DWT）　ITOPF 報告書　海上防災71号
1991.5.28、南大西洋（アフリカアンゴラ沖600海里、航行中）
原因不明**爆発**３日後沈没、イランヘビー原油26万トン流出
沿岸への漂着はなし。乗組員32名中５名死亡

29. タンカーKIRKI（ギリシア、97,083DWT、L210）
海上防災71号，オーストラリア運輸省（ATSB）事故報告書
1991.7.21、豪パース北170km
荒天船首部切断、スパークにより**引火爆発**、マーバン原油8.2万トン積載、２万トン流出。豪政府国家緊急計画発動、船体 Dampier に曳航して残油は瀬取りされた

30. 内陸油田 MING BULAC OIL SPILL　Wikipedia MING BULAC OIL SPILL
1992.3.2、ウズベキスタン MING BULAC oil field in the Fergana Valley
２ヵ月間暴噴と**火災**が続き、原油28万トン流出して自然に止まった
内陸部の流出として史上最大の事故

31. タンカーNAGASAKI SPIRIT（リベリア、95,987DWT、L210）
国際油濁基金（IOPCF）レポート
1992.9.20、マラッカ海峡北端
コンテナ船（2.2万 DWT）と衝突・**炎上**、カフジ原油４万トン内1.3万トン流出
タンカー２名救助21名死亡、コンテナ船21名全乗組員死亡

32. タンカーAEGEAN SEA（ギリシア、114,036DWT、L210）　IOPCF 年次報告書1993年版
1992.12.3、スペイン北部ラ・コルーニャ沖合
港口で座礁船体が折れ落雷により**爆発炎上**、北海軽質ブレンド原油7.9万トン
油の多くが**炎上**、海岸100km に漂着

33. タンカーBRAER（リベリア、89,730DWT） IOPCF 年次報告書1993年版

1993.1.5、英シェトランド島南サンバラ岬沖

荒天下、機関故障により座礁船体折損、北海原油8.5万トン搭載

沿岸漂着、牧場にも被害、強風により油の多くが自然拡散した

34. タンカーMAERSK NAVIGATOR（ギリシア、255,312DWT） Oil &Gas journal 1993.2.2

1993.1.21、アンダマン海（インドネシアスマトラ北西海域）

タンカーと衝突**火災**、オーマン原油25万トンの内2.5万トン流出

アセアン地域の防災計画のきっかけとなった

35. バージ船 MORRIS J.BERMAN（プエルトリコ、全長92m）

NOAA Incident News IOSC 報告書1995年

1994.1.7　　プエルトリコ　San Juan　OPA90初の適用事故（曳航中）

タグボートの曳索が切れサンゴ礁に座礁、C 重油3,028トン流出

比重1.01の油、流出油の殆どがラグーン等の海底に沈降した、USCGST が対応

36. タンカーNASSIA（キプロス、13,2517DWT） IOPCF 1995年版

1994.3.13、ボスポラス海峡（トルコ）航行中

貨物船と衝突左舷前部３つのタンクに大穴、**爆発・火災**、原油30万トン搭載内9.5万トン流出

サルベージにより鎮火、５日間海峡封鎖、両船乗組員34名死亡、29名が負傷した

37. タンカーSEKI（パナマ、293,238DWT） IOPCF 1995年版

1994.3.31、アラビア半島フジャイラ（UAE）沖（錨泊中）

錨泊中の SEKI にタンカー（5.7万 DWT）が左舷 NO１タンクに衝突、イラン原油1.6万トン流出

油は UAE 沿岸に漂着・風により再流出を繰返す

38. タンカーSEA PRINCE（キプロス、275,469DWT） IOPCF 1995年版

1995.7.23、韓国麗水港沖（航行中）

座礁、機関室の**火災爆発**・船殻破壊、アラビア原油8.5万 kl 搭載、内５千トン流出

甚大な漁業被害

39. タンカーSEA EMPRESS（リベリア、147,273DWT）

英国海難調査局「シーエンプレス」、IOPCF 1998年版

1996.2.15、英ミルフォード・ヘブン港外（航行中）

座礁、離礁、座礁を繰り返す、北海原油13万 kl 搭載、内９万 kl とC重油480トン流出

海岸200kmを汚染

40. タンカーNAKHODKA（ロシア、19,684DWT） 資料４、IOPCF 1997年版

1997.1.2、島根県隠岐島沖（航行中）

船体破断・船尾部沈没、船首部漂着C重油1.9万トン積載、約１万トン流出

島根から山形県まで漂着

41. タンカーOH SUNG NO 3（韓国、786GT） 海上防災94、95号、IOPCF 1997年版

1997.4.3、長崎県対馬西方35海里（韓国領海航行中）

座礁・沈没、C 重油**1,700kl**

韓国から潮流に乗り、6日後日本対馬西海岸に油漂着、NOWPAC 締結のきっかけとなった

42. タンカーDIAMOND GRACE（パナマ、259,999DWT） 海上防災96号

1997.7.2、東京湾中ノ瀬航路（航行中）

座礁、ウムシャイフ原油1,550kl 流出

43. タンカーEVOIKOS（キプロス、19,684DWT） IOPCF 報告書1998年版

1997.10.15、シンガポール海峡（航行中）

タンカー空船（12.9万 DWT）と衝突、E 号 3 タンク破壊、C 重油13万トン搭載内2.9万トン流出

44. バージ船　PONTOON300号（セントビーセント、4,233GT） IOPCF 1998年版

1998.1.6、UAE 沖（曳航中）

強風、時化により浸水、沈没、C 重油 1 万トンとガソリン積載

UAE アジュマン、シャルジャ海岸40kmに漂着

45. タンカーESTRELL PAMPEANA（アルゼンチン、57,741DWT） 海上防災102号

1999.1.15、アルゼンチンブエノスアイレス付近海域

ドイツのコンテナ船と衝突、原油5,000kl 流出

海岸10km に漂着、荒天によりＯＦ内に貯めた油、海岸のドラム缶も流された

46. タンカーERIKA（マルタ、37,283DWT） IOPCF 2000年版　海上防災108号

1999.12.12、仏ブリュターニュ沖80海里（航行中）

船体破断沈没、C 重油1.1万トン流出、仏の400km の海岸に漂着、沈没船内に残油 2 万トン、事故の前日に船体に異状な傾きがあった

CLC,FC 条約の改正（限度額50%up）、追加的な補償基金[19]設立の契機となる

47. タンカーNATUNA SEA（パナマ、51,095GT） IOPCF 2001年版

2000.10.3、シンガポールセントーサ島付近（インドネシア領海内航行中）

座礁、Nile Brend 原油（スーダン）7,000トン流出、残油は瀬取りされた

セントーサ島等に漂着

48. 鉱石運搬船 AMORGOS（ギリシア、65,205DWT） ITOPF2002年　海上防災110号

2001.1.14、台湾南部 Kenting 国立公園前面

機関故障、漂流、座礁、4 日後船体二つに割れ沈没、C 重油1,150トン流出

太平洋に面したサンゴ礁 4 km に漂着

49. タンカーランブール（フランス、29,900DWT） 海上保安レポート2005年 2002.10.6、イエメン南部アデン湾 テロ、火災、破孔から大量の原油流出火災 イスラム過激派の犯行声明	
50. タンカーPRESTIGE（バハマ、42,820DWT） IOPCF 2018年版、海上防災113、130号 2002.11.16、スペイン北西部ガリシア沖 荒天波浪の衝撃により亀裂浸水・沈没、C重油63,200トン流出、沈没船内に13,700トン残留、フランス、スペイン、ポルトガル、英国に漂着 事故発生直前に船体亀裂のためスペイン政府に避難港へ入港を申請するが、拒絶され大事故に繋がる	
51. タンカー OVERSEAS COLMAR（マーシャル諸島、39,729DWT） 油濁情報第4号 2005.11.15、サハリン東北部錨地（サハリン第Ⅵ鉱区で生産された原油 27,000トン積載） 走錨・底触・船尾船底部破損、C重油（流出量不明、韓国で修理時に明らかになる） 座礁により推進器・舵故障、地元救助船でコルサコフに、大型タグボートで韓国向け曳航中の12月1日北海道積丹沖で曳索切断2回、荒天下漂流18時間後応援のタグと曳索をとって韓国へ、韓国で修繕 2006年4月知床一体に油付着鳥の死骸数万羽が漂着、関連が疑われている 油濁基金だより80号	
52. レバノン空爆石油タンク破壊（レバノン） 海上防災131号 2006.7.13、レバノン Jiyyeh 火力発電所 イスラエルによる空爆複数のタンク破壊、重油3.5万トン	
53. タンカーSOLARI（フィリピン、998GT） 外務省広報 H18.8.21 2006.8.11、フィリピン ギマラス島 沈没、C重油200トン マングローブの海岸200km に漂着、緊急援助隊派遣	
54. コンテナ船 COSCO BUSAN（香港、65,131GT） NOAA Incident News 海上防災136号 2007.11.7、米サンフランシスコ湾（航行中） ベイブリッジ橋脚に左舷中央部衝突、C重油220kl 流出 SF 湾内の海浜に漂着	
55. タンカーVOLGONEFT 139（ロシア、3,463GT） IOPCF 報告書2018年版、海上防災136号 2007.11.11、ロシアとウクライナの間ケルチ海峡（錨泊中） 荒天錨泊中船体折損、C重油4千トン搭載内2千トン流出 海岸250km に油が漂着、乗組員10数名死亡、この時化で他にも数隻沈没	

56. タンカーHEBEI SPIRIT（中国香港、146,848GT）　海上防災139号、IOPCF 2018年版

2007.12.7、韓国西岸大山港北西6海里（錨泊中）

タグボートに曳航されるクレーン船が衝突、左舷の3タンクに破孔原油噴出、カフジ原油12万トン流出

油は375kmの海岸に漂着 韓国政府は「国家災難危機宣言」発出し、NOWPAP加盟の日中露に緊急援助を要請した。

---

57. コンテナPACIFIC ADVENTURER（香港、25,561DWT）　油濁情報9号、豪州ロジステック

2009.3.11、オーストラリアクイーンズランド州Stradbroke島沖（航行中）

サイクロンにより、コンテナ32個海中転落、転落時燃料タンク破損、C重油270kl流出

コンテナには硝酸アンモニウムが・海軍機雷掃海艇が捜索、海岸10kmに油漂着

損害額が責任限度額を超え、原因者がその差額の支払い拒否、96LLMC改正のきっかけを作った

---

58. タンカーEAGLE OTOME（米、95,666DWT）　NOAA Incident News　海上防災146号

2010.1.23、ヒューストンポートオーサー水路（航行中）

大型艀と衝突、メキシコ原油1,750kl流出

水路の航行禁止、硫化水素ガスが多く住民に避難命令

---

59. 海洋油田Deepwater Horizon Macondo oil well　NOAA Incident News　海上防災146～154号

2010.4.20、ルイジアナ州沖メキシコ湾マコンド油田、原油掘削井戸「デープウォーターホライズン」

暴噴、**爆発**、原油78万kl、11名死亡、ルイジアナ、ミシシッピーなど5州の海岸に漂着。暴噴が止まったのは87日後、油処理剤散布、直接回収、洋上焼却等が行われた

---

60. 中国大連ペトロチャイナ（中国石油）タンカー桟橋パイプライン　海上防災148号151号

2010.7.14、大連港に原油1,500トン流出　死者なし

30万トンタンカー荷役中、パイプラインが突然**爆発**、陸域10万トン原油タンクに**引火爆発**。大連ではこの頃類似**爆発**事故が頻発している。

---

61. コンテナRENA（リベリア、47,000GT）　海上防災第152号

2011.10.5、ニュージーランド　ブレンティ湾サンゴ礁（航行中）

座礁、C重油1,700トン中400トン流出、NZ北島のパパモアの砂浜に油漂着

コンテナ144個海中転落、ペンギン等2千羽以上の海鳥が犠牲に

---

62. タンカーALFA I（ギリシャ、1,648GT）　ITOPF2018年版

2012.3.5、ギリシア エレフスィス湾（航行中）

古い沈没船に衝突、船底が30m切れて沈没、C重油等2,000トン流出、船長死亡

油は13kmの海岸に漂着、回収は6月まで行われた。追加基金適用の第1号となった。

63. タンカーBUNGA ALPINIA（マレーシア、38,000DWT） 海上防災第155号
2012.7.26、マレーシアボルネオ島メタノール専用桟橋
落雷による**火災・爆発**、メタノール流出量は不詳

64. 中国青島地下原油パイプライン**爆発** 海上防災160号
2013.11.22、山東省青島黄島区団地内地下原油パイプ
原油が地下で漏れ下水道に入り引火**爆発**、原油は膠州湾に流れた
市街地が破壊、死者66名、負傷者多数、住民1.8万人避難

65. オイルバージ船・タグボート Miss Susan（アメリカ、） NOAA incident news 海上防災162号
2014.3.22、テキサス・ガルベストンヒューストン航路（航行中）
貨物船と衝突、タンク１つ破壊、水船となる、C重油（RMG380）636kl 流出
H_2Sを含む油、乗組員倒れる、航路は５日間閉鎖、航路18海里の沿岸に漂着、被害甚大、

66. タンカーALYARMOUK（リビア、116,039DWT） 海上防災165号
2015.1.2、シンガポール海峡東端（航行中）
貨物船（57,374DWT）と衝突、原油4,500kl 流出
海岸への漂着はなかった。

67. タンカー DAWN KANCHIPURAM（インド、29,141GT） 海上防災173号
2017.1.28、インドタルミ・ナド州チェンマイ　エナ港（航行中）
LPG タンカーと衝突、左舷後部破孔、C重油100トン
流出量について政府は当初１トンと発表、大量の漂着があってから20トンから100トンと変った。

68. タンカー AGIA ZONII（ギリシア、1,597GT） ITOPF2018年版
2017.9.10、ギリシャエーゲ海サラミス島（錨泊中）
錨泊中に原因不明の**爆発**、沈没、C重油2,500トン流出
油はサラミス島等に漂着

69. タンカーGLOBAL APOLLON（パナマ、10,744GT） 海上防災175号
2017.8.3、中国広州珠江（航行中）
コンテナ船と衝突、パームオイル1,000トン流出
香港の海水浴場等に白い塊状態で漂着、昼間は溶け、夜固まる

70. タンカーSANCHI（パナマ、16,415DWT ） A P，A F P、REUTER、新華社、Bloomberg
2018.1.6、東シナ海（中国 EEZ 内航行中）
貨物船と衝突・**爆発**沈没、コンデンセート33.6万トン・C重油3,800トン
C重油は奄美諸島に漂着、乗組員20名全員死亡

71. タンカーBOW JUBAIL（ノルウェー、23,196GT） IOPCF 2018年版
2018.6.23、オランダロッテルダム（入港時）
荷役桟橋に衝突右舷後部に破孔、C重油217トン（港内に流出）

72. 貨物船 WAKASHIO（パナマ、101,932GT） UK&IRE spill association 20.11.25 NHK news 20.8.18 2020.7.25、モーリシャス（航行中） 座礁、Ｃ重油1,000トン 25km の海浜に漂着、運航者は日本の会社、緊急援助隊派遣
73. タンカーNEW DIAMOND（パナマ、299,986DWT　L330）　コロンボＡＦＰ時事 2020.9.3、スリランカ東沖 機関室**爆発火災**（５日後鎮火）、クウェート原油27万トン積載 船体に亀裂、燃料のＣ重油流出、原油の流出と延焼は食い止められた。１名死亡

内訳：爆発・炎上は29件、原因の内訳は衝突24件、船体折損４件、座礁22件、静電気・雷３件

トン数について

DWT（重量トン）：船舶の安全航行が確保される範囲内における貨物等の最大積載量を表すために用いるトン数

GT（総トン）：船舶の閉囲場所の容積から除外場所の容積を差し引いた容積に一定の係数を乗じて得られるトン数

情報元：IOPCF 年次報告書、ITOPF 報告書、NOAA Incident News（アメリカ海洋大気庁、米国内で発生した事故を記録）、海上防災、新聞記事、豪州ロジステック

Nature 06AUGUST2018 記事　https://www.nature.com/articles/d41586-018-05852-0

資料２ 日本における大規模・特異な油濁事故一覧表

NO	タンカー船名等	年月、場所	油	因	NO	タンカー船名等	年月、場所	油	因
1	第１宗像丸	S37.11.18、横浜	ガ	衝	35	栈橋（千葉県富士石油）	H6.11.26、袖ケ浦	C	陸
2	新潟地震昭和石油火災	S39.6.16、新潟	原	震	36	宣洋丸（姫島）	1995（H７）9.3	C	衝
3	ヘイムバード	S40.5.23、室蘭	原	衝	37	HONPENG	H7.11.6、広尾	C	亀
4	銀光丸	S41.11.29、紀伊水道	原	衝	38	東友	H8.11.28、奥尻	C	座
5	ジュリアナ	S46.11.30、新潟	原	座	39	ナホトカ	H9.1.2、北陸	C	折
6	第10雄洋丸	**S49.11.9、東京湾**	ナ	衝	40	敬天	H9.6.12、苫小牧	C	衝
7	三菱石油水島製油所	S49.12.18、水島	C		41	ダイヤモンドグレース	H9.8、東京湾	原	衝
8	アストロ・レオ	S52.4.6、松山	原	衝	42	MALATI MAS	H9.12.8、青森県	C	座
9	東北石油仙台製油所	S53.6.12、塩釜	C	震	43	SUNNY GLORY	H10.1.15、鹿島港	C	座
10	第８宮丸	S54.3.22、備讃	C	衝	44	大寿丸	H10.9.4、江差沖	軽	衝
11	PRIMA ROSA	S54.11.24、千葉	C	爆	45	豊晴丸	H11.11.23、徳山	C	衝
12	第３日丹丸	S55.5.15、宇部沖	C	衝	46	PAO HSIANG NO 1	H12.9.17、釧路	A	座
13	ZENLIN GLORY	S55.5.22、津軽海峡	C	衝	47	大盛丸	H13.11.24、釜石沖	ガ	衝
14	チャーシン	S55.5.21、八戸	C	座	48	AIGE	H14.3.31 韓国から	C	衝
15	豊成丸	S55.8.21、八戸	C	衝	49	COOP VENTURE	H14.7.25 志布志	C	座
16	ポリネシア	S57.1.27、川崎港	原	火	50	**SUN TRUST**	**H14.8.8、西伊豆**	**C**	**衝**
17	ACADEMY STAR	S57.3.19、千葉千倉	C	亀	51	HUAL EUROPE	H14.10.1、伊豆大島	C	座
18	第８福徳丸	S57.4.3、徳島県橘湾	C	衝	52	CHIL SONG	H14.12.4、日立	C	座
19	第１英幸丸	S58.8.13、気仙沼	A	衝	53	**MIYA**	**H15.5.14 来島海峡**	B	衝
20	VISHVA ANURAG	S62.1.14、串木野	C	沈	54	LINDOS	H16.5.29、小樽港		座
21	第１春日丸	S63.12.9、経岬沖	C	沈	55	MARINE OSAKA	H16.11.13、石狩	C	座
22	泰邦丸	H1.6.28、岩手県	軽	衝	56	ヘレナⅡ	H17.2.11、青森	C	座
23	マリタイムガーデニア	H2.1.26、京都	C	座	57	GIANT STEP	H18.10 鹿島	C	座
24	ワールドビクトリー	H2.12.16、千葉京葉	原	衝	58	DERBENT	H20.1.1、利尻	A	座
25	第３ちとせ丸	H2.12.22、千葉袖ヶ浦	ジ	衝	59	ゴールドリーダー	H20..3.5、明石	C	衝
26	スキャンアライアンス	H3.3.28、清水三保	C	衝	60	ありあけ	H21.11.13、尾鷲	C	沈
27	第12北南丸	H3.4.5、奥尻島	A	座	61	PACIFIC POLARIS	H22.10.24、沖縄	C	衝
28	第86海幸丸	H3.4.12、知多半島	C	衝	62	東日本大震災	H23.3.11、気仙沼	Cガ	震
29	第６晴豊丸	H4.5.1、大阪湾	ガ	衝	63	AN FENG	H25.3.1、青森	C	座
30	昭和シェルタンク	H5.1.15、釧路	ア	震	64	CITY	H28.1.10、酒田	C	座
31	ちとせ	H5.2.9、苫小牧	A	故	65	TAIYUAN	H29.4.24、博多	C	沈
32	遼洋丸	H5.7.27、下田	C	衝	66	タンクローリ転落	R1.5.13、敦賀	C	陸
33	泰光丸	H5.5.31、小名浜	C	衝	67	鉄工所	R2.8.27、佐賀大町	焼油	雨
34	豊孝丸	H6.10.17、下津	原	衝					

表で　油は、油種　ガ（ガソリン）、原（原油）、C（C重油）、A（A重油）、ア（アスファルト）、ジ（ジェット燃料）、ナ（ナフサ）、軽（軽油）

因は、原因　衝（衝突）、座（座礁）、震（地震）、折（船体折損）、沈（沈没）、亀（亀裂）故（故障）を示す

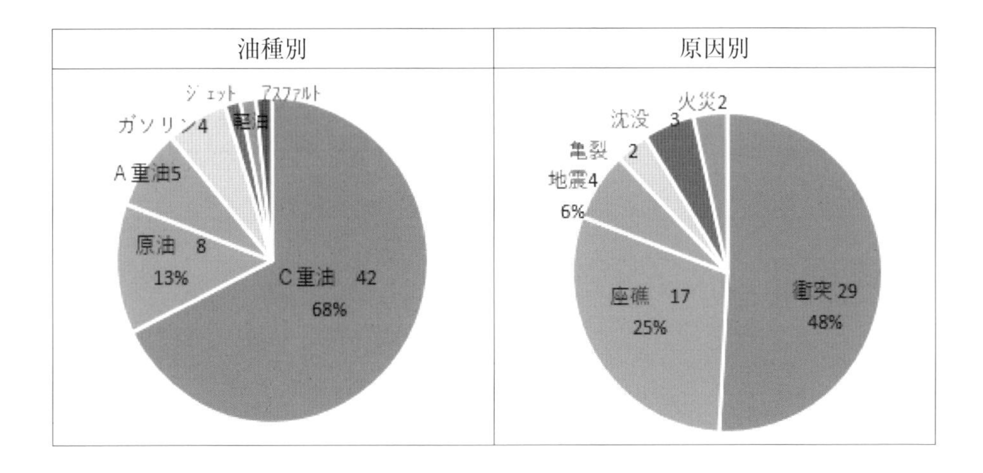

日本における大規模・特異な油濁事故一覧

NO.	船種	船名（船籍、トン数） 年月日、場所 原因、流出油 記事	出典
1.	タンカー	第1宗像丸（日本、1,972GT） 1962（S37）11.18午前8時15分頃、横浜京浜運河 タンカーサラルド号（21,634GT）が左舷中央部に衝突、ガソリン3,642kl 海上に流出 150m 離れた作業船から引火、乗組員など42名死亡、海面火災、付近航行中の太平丸、第1宝栄丸類焼	海難審判録
2.		新潟地震昭和石油火災 1964（S39）6.16、新潟（粟島南40kmを震源・M7.5の地震）、原油タンク破壊 タンクのスロッシング等により流出大火災 浮屋根式タンクのため、浮屋根が激しく振動・火花に着火、29名死亡	NPO 法人　失敗学会データーベース
3.	タンカー	ヘイムバード（ノルウェー、35,355GT） 1965（S40）5.23午前7時10分頃、室蘭港（着桟時） 着桟に失敗岸壁に右舷 NO 1 タンク衝突原油流出、直後綱取り船から引火、着火して7時間後に大爆発 10名死亡、28日間燃え続け、陸上施設に延焼、付近住民に避難命令	海難審判録

4．タンカー銀光丸（日本、21,501GT）

1965（S40）11.29午後８時５分頃、紀伊水道（航行中）

貨物船テキサダ号（31,5001GT）が左舷中央部に衝突、原油38,000kl 搭載・内4,200kl 流出・炎上

テキサダ号は燃料タンクの重油が炎上

5．タンカー JULIANA（リベリア、11,684GT）　海上保安庁作成資料

1971（S46）11.30午後４時50分頃、新潟港外（錨泊中）

走錨・座礁、船体が折れる、オーマン原油7,200kl 流出（217,000kl 搭載）

「海水油濁処理機構」[69]が作られる契機となった

6．タンカー 第10雄洋丸（日本、43,723GT）　海上保安庁報告書

1974（S49）11.9、東京湾浦賀水道中ノ瀬航路（航行中）

貨物船ﾊﾟｼﾌｨｯｸｱﾘｽ号（10,874GT）と衝突、両船炎上爆発、33名死亡

7．三菱石油水島製油所　NPO 法人失敗学会データーベース

1974（S49）12.18）、岡山県倉敷市水島

重油タンクの溶接部が割れＣ重油が噴出、4.3万 kl 流出、内9.5千 kl 海に流出

タンクの基礎部、防油堤が陥没、瀬戸内海の東半分が油にまみれた　1975年石油コンビナート法制定及び1979年消防法改正の契機となった

8．タンカー アストロ・レオ（パナマ、89,800DWT）　海上防災２、４号

1977（S52）4.6、松山沖釣島水道（航行中）

貨物船（2,700GT）と衝突、右舷４番タンクに破孔、原油に引火して炎上。海面火災に、原油350kl 流出

9．東北石油仙台製油所　海上防災前２号

1978（S53）6.12、塩釜港

宮城県沖地震により重油タンク等に亀裂、重油と軽油2,900kl 海上に流出

10．タンカー 第８宮丸（997GT）　海上防災５号

1979（S54）3.22、香川県備讃瀬戸（航行中）

貨物船（414GT）と衝突右舷２番タンクに破孔、ミナス重油（高粘度油）540kl 流出

１号業務、初の油賠法適用、国際油濁基金に請求、

ＯＦの流し展張により油を封じ込め、ガット船で回収

11．タンカーPRIMA ROSA（イタリア、254,276DWT）　海上防災25号

1979（S54）12.22、千葉港京葉シーバース（荷役中）

引火爆発、原油の流出なし

イナトーガス送気装置取り扱いのミスが原因、３名死傷

12. 第3日丹丸（日本、1,627GT）　海上防災8号

1980（S55）5.15、宇部沖（航行中）

タンカー（700GT）と衝突右舷1番タンクに破孔、C重油155トン（流動点40℃）

1号業務　油は大小の塊となり、薄い油膜にならない

13. 貨物船 ZENLIN GLORY（リベリア、10,224GT）　海上防災9号

1980（S55）5.22、津軽海峡（航行中・西進）

ドイツのコンテナ船と衝突沈没、C重油240トン流出

水深60mの海底から長期間油が湧出した

14. 貨物船嘉新チャーシン（台湾、12,471GT）　海上防災20号

1980（S55）5.21、八戸港（錨泊）

荒天により走錨、防波堤テトラに座礁、C重油50トン流出

港内の施設、多数の漁船も汚染された。豪雨の後のためゴミに混じった

15. タンカー豊成丸（日本、983GT）　海上防災10号

1980（S55）8.21、宮城県気仙沼東10海里（航行中）

タンカー近鈴丸（997GT）と衝突（濃霧）、C重油2千kl積載、内270kl流出

油は一部女川の海岸に漂着、衝突位置で別タンカーに900kl瀬取りの後石巻港に回航

16. タンカーポリネシア（ノルウェー、221,070DWT）　海上防災18号

1982（S57）1.27、京浜港川崎区東燃シーバース（着桟中）

陸に送油中、火災発生、原油流出なし、1名死亡、 消火、救出作業が手際よく行われ被害を抑えた。MDPC消防船2隻を含む9隻で消火実施

17. 貨物船 ACADEMY STAR（パナマ、33,442GT）　海上防災23号

1982（S57）3.19、千葉県千倉（八丈島沖で船体に亀裂、強風で圧流され千葉県千倉に座礁）

座礁、船体二つに折れる。C重油600kl流出、微粉炭（積み荷）

大量の油が沿岸に漂着

18. タンカー第8福徳丸（日本、499GT）　海上防災20号

1982（S57）4.3、徳島県橘湾（航行中）

砂利運搬船（266GT）と衝突、C重油85kl流出

漁業被害2.3億円

19. タンカー第1英幸丸（日本、999GT）　海上防災27号

1983（S58）8.13、宮城県気仙沼唐桑沖（航行中）

パナマの貨物船（4,827GT）と衝突（濃霧）、A重油360kl流出、

油の一部が漂着したが被害はなし

20. コンテナ船 VISHVA ANURAG（インド、11,179GT）　海上防災50号

1987（S62）1.14、串木野沖　（水深90mに沈没）

荒天・浸水沈没、C 重油326トン

ヘリコプターにより油処理剤散布、鹿児島県吹上浜に油交じりのペレット漂着、深海潜水作業により油の湧出を止めた

21. タンカー第１春日丸（日本、499GT）　海上防災59号

1988（S63）12.9、京都府経が岬沖（荒天航行中）

浸水・沈没、C 重油1,100トン

流出油は沿岸漂着せず沖に流れ去った。ヘリにより油処理剤散布実施

22. タンカー泰邦丸（日本、699GT）　海上防災62号

1989（H１）6.28、岩手県魹ヶ埼沖

タンカー第11大鷹丸（699GT）と衝突、NO2,3タンクに破孔、軽油460kl 流出

油膜は４日で消滅

23. 貨物船 マリタイムガーデニア（リベリア、7,027GT）　海上防災66～68、70号、168号

1990（H２）1.26、京都府経が岬、伊根町（航行中）

座礁船体折れ、C 重油916kl

自衛隊、府警機動隊、漁業者、消防団動員、TV で全国に生中継された

24. タンカーワールドビクトリー（パナマ、106,151GT）　海上防災69号

1990（H２）12.16、千葉県袖ケ浦町沖京葉シーバース（着桟・荷揚中）

強風で圧流されローディングアームが折損、アーム内の原油９kl 流出、一部は袖ケ浦海岸に漂着

25. タンカー第３ちとせ丸（日本、698GT）　海上防災69号

1990（H２）12.22、千葉県袖ケ浦町沖（航行中）

タンカー第63浪速丸（1,471GT）と衝突、ジェット燃料380kl 流出

ジェット燃料1,498kl 搭載、ＯＦ660m展張、２日後には作業終了

26. 貨物船スキャン・アライアンス（パナマ、5,070GT）　海上防災70号

1991（H３）3.28、清水港三保防波堤に衝突（入港途中）

浸水、三保海岸に座礁後沈没、C 重油400トン搭載、木材と油数 kl が流出

27. タンカー第12北南丸（日本、209GT）　ITOPF 年次報告書1992年

1991（H３）4.5、北海道奥尻島

座礁、重油230トン流出

28. タンカー第86海幸丸（499GT）　海上防災70号

1991（H３）4.12、愛知県知多半島野間埼沖（航行中）

貨物船（156GT）が衝突、C 重油１千トン搭載、内15kl 流出

29. タンカー第6晴豊丸（698GT） 海上防災74号

1992（H4）5.1、大阪港沖（錨泊中）

砂利運搬船（490GT）が衝突、ガソリン280kl流出（2,030kl搭載）

晴豊丸を中心に半径1,000mの海域を錨泊禁止、火気使用制限（第五管区）

30. 昭和シェル石油アスファルトタンク 海上防災79号

1993（H5）1.15、釧路港

地震によりタンクに亀裂、アスファルト246kl

海底にその多くが沈んだ

31. 自動車運搬船ちとせ（日本、5,599GT） 海上防災78号

1993.（H5）2.9、苫小牧港内勇払ふ頭（着桟中）

機関室燃料サービスタンク自動停止装置故障、A重油10数kl

寒冷季・港の奥、初期に展張した岸壁のOF吊り上げ状態で油が拡散、船舶出入港禁止命令

32. タンカー遼洋丸（日本699GT） IOPCF報告書1994年版、海上防災79号

1993（H5）7.23、静岡県下田市爪木崎（航行中）

貨物船と衝突、重質軽油（HGO）流出

33. タンカー 泰光丸（699GT） 資料3、海上防災169号

1993（H5）5.31、福島県塩屋崎沖

貨物船第3健翔丸（399GT）船首部が泰光丸右舷後部に衝突、C重油521kl流出

大量の油処理剤散布、沈殿油と不明油が多い

34. タンカー 豊孝丸（2,960GT） 海上防災170号

1994（H6）10.17、和歌山県下津沖（錨泊中）

タンカー第5照宝丸（499GT）が衝突、ラビ原油ブレンド（発電所燃料）570kl流出

事故初日にガット船が大量に回収、三日間でほぼ全量回収した、自衛隊出動

35. 桟橋（千葉県富士石油桟橋） 会社の広報

1994（H6）11.26、袖ケ浦桟橋

係留中のタンカーにC重油積み込み中荷役パイプ接続部3か所から9kl流出

36. タンカー宣洋丸（日本、895GT） 海上防災88号

1995（H7）9.3、宇部沖周防灘（航行中）

フィリピンの貨物船（23,277GT）と衝突、C重油95トン流出

姫島に漂着

37. 貨物船HONG PENG（セントビーセント、3,113GT） 海上防災174号

1995（H7）11.6、北海道十勝港（着桟中）

燃料タンク亀裂部からビルジへ、ビルジの港内排出、C重油数kl

実質中国船、PI保険未加入、MDPCの2号業務実施（確約書の交換）

38. 貨物船 東友（中国、3,905GT） 1996（H８）11.28、北海道奥尻島群来岬（漂流の末） 座礁沈没、C重油100kl 流出 機関故障で漂流後座礁、海岸線500m に漂着	実地調査
39. タンカー ナホトカ（ロシア、13,175GT） 1997（H９）1.2、日本海隠岐の島沖（航行中） 荒天下船体折損、C重油７千トン以上（折損により6,240kl、漂着した船首部から1,000kl 以上） 船尾部は沈没、船首部は７日後に福井県三国に漂着、海浜汚染は９府県、1000㎞に拡がった。	資料４
40. 貨物船隆井（日本、499GT） 1997（H９）6.12、苫小牧港入口（航行中） 貨物船敬天（499 GT）に衝突されて沈没、C重油30kl 流出漂着、１名死亡 濃霧、漂着油対応は北海道・２市６町等で対応・・・地域防災計画動く、自衛隊出動	海上防災95号
41. タンカーダイヤモンドグレース（パナマ、259,999DWT） 1997（H９）7.2、東京湾本牧沖「中ノ瀬航路」（航行中） 底触・船底に破孔、ウルシャイム原油1,550kl 流出、右舷タンク３カ所に亀裂、当初1.5万トンと推測された ダブルハル構造、原油の粘度３cst、流動点－22.5℃で、夏季のため揮散が早かった	海上防災96号
42. 貨物船 MELATI MAS（マレーシア、3,960GT） 1997（H９）12.8、青森県百石町　奥入瀬川河口付近（錨泊中） 走錨・座礁、C重油142kl　乗組員18名全員ヘリコプターで吊り上げ救助 国家石油備蓄基地回収船出動、地方自治体で対応、自衛隊出動	国備会社の記録、海上保安庁広報資料
43. 貨物船 SUNNY GLORY（ベリーズ、1,257GT） 1998（H10）1.15、茨城県鹿島港（錨泊中） 座礁船体破壊、C重油20kl　　　２名死亡、MDPC に２号業務申し入れするも、条件から断ったケース。PI 保険の OMM は、約束を守らない前歴があり、本件でも防除作業に当たった会社に対して支払いを拒絶	海上防災97号、サルベージ会社等の記録
44. タンカー大寿丸（日本、999GT） 1998（H10）9.4、北海道江差沖（航行中） 漁船（19ｔ・球状船首）が左５番タンクに衝突、軽油260kl 流出、隣のタンクにはガソリン満載 流出油は広く拡散、３日程でほぼ消滅、一部は６日後まで見られた。航走拡散を行う	海上防災100号

45. タンカー 豊晴丸（日本、199GT） 1999（H11）11.23、山口県徳山港内（航行中） 貨物船と衝突転覆、破孔から積み荷のC重油100kl 流出 流出油の多くが転覆船を囲むＯＦ内に溜まり強力吸引車等で回収	海上防災104号
46. サンマ漁船 PAO HSIANG NO 1（台湾、1,120GT） 2000（H12）9.17、釧路港外 濃霧、緊急入域（怪我人）途中釧路港外で座礁、船体破壊A重油278kl 搭載、150kl 程流出。PI保険未加入、海保機動防除隊により船内残油120kl 回収	海上防災108号
47. タンカー大盛丸（2,999GT） 2001（H13）11.24、釜石沖（航行中） 漁船第35進洋丸と衝突、右舷 NO 2 と NO 3 タンクに破口ガソリン4,939kl 搭載、755kl 流出。海保は航行警報を出し、引火等二次被害はなし	海上防災108号
48. 貨物船 AIGE（ベリーズ、） 2002（H14）3.31、島根県隠岐島 SE13海里（韓国領海内で発生、油は日本領海に） 漁船第３更賜丸と衝突沈没、C重油98kl 流出 回収船「海翔丸」海上自衛隊艦艇が４月９日まで防除活動実施、丹後半島に油漂着	海上防災114号、国土交通省資料
49. 貨物船 COOP VENTURE（パナマ、36,080GT） 2002（H14）7.25、鹿児島志布志港外（錨泊中） 台風９号により走錨座礁船体折損、C重油830kl 流出、沿岸漂着 乗組員４名死亡	海上防災115号
50. 貨物船 SUN TRUST（韓国、2,402GT） 2002（H14）8.1、御前崎沖３海里（航行中） 貨物船第２広洋丸（462GT）と衝突沈没、C重油115kl 流出 西伊豆賀茂村に油漂着、PI保険未加入船	海上防災115号
51. 自動車運搬船 HUAL EUROPE（バハマ、56,835GT） 2002（H14）10.1、伊豆大島波浮港外（航行中） 台風21号により圧流座礁、C重油1,000kl 流出、２月後火災炎上	H16.2.16横浜海難審判録
52. 貨物船 CHIL SONG（北朝鮮、3,144GT） 2002（H14）12.4、茨城県日立港（錨泊中） 走錨座礁、C重油160kl 流出、 海浜に油漂着、無保険で放置、油賠法改正のきっかけとなった（H17.3施行）	海上防災117号
53. 貨物船 MIYA（ベリーズ、1,205GT） 2004（H16）5.14午前４時25分頃、来島海峡西口（航行中） MIYA 右舷中央部にモンゴル貨物船 LIDA（952GT）が衝突、漂流の後・沈没、B重油50kl 流出 PI保険未加入	海上防災122号

54. 貨物船 LINDOS（マルタ、31,643GT）　海上防災122号 2004（H16）5.29、小樽港内（入港途中） 入港時港内で座礁、流出油はない（船底損傷・油流出の恐れ） 6月6日迄離礁作業続く、MDPCは9号業務（指導助言）実施、積み荷（コーン）の瀬取り
55. 貨物船 MARINE OSAKA（韓国、5,500GT）　海上防災175号 2004（H16）11.13、北海道石狩港外（避泊中） 走錨座礁、C重油180トン 防波堤テトラに乗り上げ船体破壊、7名死亡、石狩川の汽水域に沿って油膜動く、多くの油が不明に
56. 貨物船 ヘレナⅡ（カンボジア・・実質ロシア、2,736GT）　海上防災132号 2005（H17）2.11、青森県北津軽郡小泊岬（航行中） 座礁、C重油146トン PI保険未加入、流出油と船体撤去費用4.5億円は税金で対応（改正油賠法施行直前の事故）
57. 貨物船 GIANT STEP（パナマ、98,587GT）　海上防災132号 2006（H18）10.6、茨城県鹿島沖　九十九里浜 座礁、船体が三つに折れた、鉄鉱石19万トン搭載、C重油200トン以上流出 荒天で揚錨中、機関故障となり操船不能、.砂浜に漂着した油はビーチクリーナーで回収
58. 貨物船 DERBENT（国籍なし元カンボジア、629GT）　海上防災137号 2008（H20）1.1、北海道利尻鬼脇　　カニのドロボー専用船、乗組員ロシア、PI保険等もない 荒天で緊急入域し座礁、A重油31kl、稚内のタグボートで離礁を試みるも失敗、全損の恐れ、漁場油濁救済基金専門家派遣により、ホースラインを船と陸間に張り残油回収、利尻昆布とウニ被害なし
59. 貨物船ゴールドリーダー（ベリーズ、1,466GT）　国土交通委員会議事録2009.6.17 2008（H20）3.5、明石海峡東 三重衝突・沈没、C重油75kl（砂利船第5栄政丸496GT船首がタンカーオーシャンフェニックスに追突、そのあおりでゴールドリーダー右舷に衝突し沈没、4名死亡） いかなご、のり等の漁業被害52.5億円と責任制限額を超え、96LLMC改正のきっかけを作った
60. フェリーありあけ（日本、7,910GT）　海上防災145号 2009（H21）11.13、三重県尾鷲市熊野灘 大波により荷崩れ大傾斜、座礁、横転、C重油流出　量不明

61. タンカー PACIFIC POLARIS（パナマ、28,799GT）
裁判記録、運輸委員会船舶事故報告書 H24.12
2010（H22）10.24、沖縄県金武中城港南西石油専用桟橋（着桟時）
左舷船尾部が桟橋ドルフィンに衝突、破孔からＣ重油46kl 流出
油が養殖施設に漂着、船と桟橋側で責任を巡り長期間裁判に、初期対応の在り方が争点になった

62. 東日本大震2011（H23）10.24、地震と津波　油濁情報１号（2012年１月）
気仙沼、石油タンク22基破壊、Ａ重油7.4千 kl、軽油1.9kl、ｶﾞｿﾘﾝ1.5千 kl
大船渡、セメント工場タンク崩壊、Ｃ重油700kl 流出
長期間周辺海浜では残油と油臭が漂った

63. 貨物船 AN FENG 8（カンボジア実質中国船、1,996GT）　油濁情報11号（2017年１月）
2013（H25）3.1、青森県深浦（航行中）
座礁・全損、Ｃ重油60kl、
PI 保険は支払いをしないことで有名な会社、流出油と船体撤去は税金で実施

64. 貨物船 CITY（パナマ実質ロシア船、4353GT）　油濁情報10号（2016年８月）
2016（H28）1.10、山形県酒田港防波堤
座礁・全損、Ｃ重油　58kl 流出、
流出油の多くが二級河川豊川を３㎞以上遡上し、農業用水路を汚染、ITOP 専門家の指導で作業実施

65. 貨物船 TAIYUAN（ベリーズ、1,972GT）　海上防災176号
2017（H29）4.24、博多港箱崎ふ頭（着桟中）
火災・沈没、Ｃ重油　84kl 流出、
沈没船周囲のＯＦ内に油が溜まり回収、一部は室見川を遡上した

66. タンクローリーＣ重油13kl 搭載　特異な事例　油濁情報16号（2019年８月）
2019（Ｒ１）5.13、敦賀市江良国道
国道から10m 下の海岸消波ブロックに転落、Ｃ重油数 kl（図１－６参照）
海上に流れ定置網等に被害、適用される法律が港湾法、自動車保険で補償

67. 鉄工所冠水　油濁情報17号
2019.（Ｒ１）8.27、佐賀県大町町、焼入れ工場、豪雨により工場・油タンクが冠水
焼入れ油80kl 流出、工場外に約50kl 流出、六角川から有明海へ
病院・住宅・田畑に油が侵入する等全国的なニュースとなる。油は３日程で蒸発したが、黒い添加物が油の様に残った。有明海のノリ等に被害はなかった

資料3

私の油濁見聞記（タンカー泰光丸）

（1） 事故概要

平成5年5月31日06時頃、海上平穏ながら濃霧の福島県塩屋崎沖合で、川崎から石巻に向けて航行中のタンカー泰光丸（699Gt）の右舷後部に、貨物船 K丸（399Gt）船首部が衝突した。その直後、貨物船は後進をかけたため泰光丸の破口から積荷のC重油521klが短時間で流出した。しかし、6月2日までの間、航空機と巡視船からは、点の様に狭い範囲に限定された油膜しか見当たらず、あたかも小規模の事故を示唆していた。

しかし、その3日後時化により事態は一変した。塩屋崎から南に拡がる油帯が突如見つかり、海保・市・県は急遽対策本部を設置して対応を始めた。油帯は小名浜を中心にした30kmの海岸（茨城県北部大津まで）の沖合を漂流、次々に漂着を始めた。その結果、深刻な被害を地元漁業等にもたらした。海上災害防止センター（以下センターと呼ぶ）は事故当日から39日間、2号業務として対応に当たった。

写真1　泰光丸（6月1日）

泰光丸右舷NO2、3タンク吃水線部に生じた大きな破口（10.6m×4.5m）
貨物船の船首部が衝突、事故直後乗組員により、船体周囲にオイルフェンスが展張されたが、タンク内の油は衝突後早期にほぼ全量が流出していた

写真2　小名浜港沖の油帯　（6月6日朝）

図 1
5月31日～6月6日
衝突位置と油拡散漂着状況

⬯の範囲に事故当初点状の油膜があり、油の本体はこの下に氷山の様な塊になっていたと考えられる。
⟶ は写真2の位置を示す

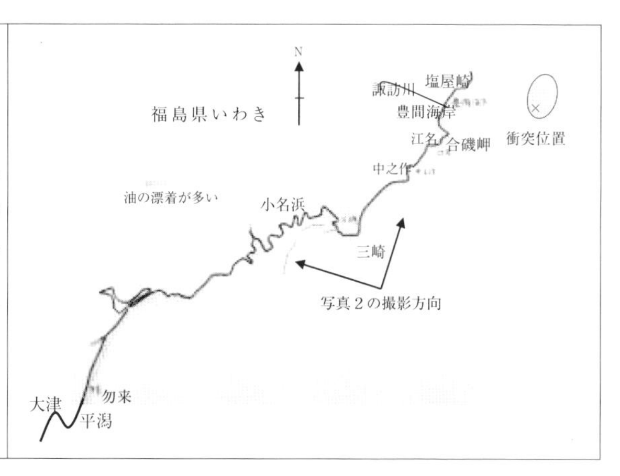

（2） 事故経過（当時の日報等から）　　**表 1**

月　日	主　　内　　容
5月31日	06時事故発生、塩屋崎南東2.5海里、濃霧、平穏、油の視認範囲が3日間狭い状態続く、2号業務契約　課長・係長派遣保安部の一室を借用した
6月3日	荒天／南東風によりいわき市と茨城県北部の海岸に一部が漂着、海保に対策本部、市に対策会議設置、油膜は突然、勿来、更に南の大津岬（茨城県）沖にまで拡がった。夕刻から佐々木参加
6月4日	県に対策会議設置、**油処理剤のヘリからの散布開始**、塩屋崎沖に大きな油塊群があり、この一部が沿岸に沿って南下している。
6月5日	県漁連が対策本部設置。江名、中之作漁港の沖1浬に濃い油の帯がある。これら油の漂着を防ぐため、回収方法を検討する。漁業者の協力によりＯＦのＵ字曳航、高粘度回収ネット等による集油チームを数セット編成し、江名又は中之作漁港の岸壁で回収するための段取りを行う。沖合いではヘリと作業船による油処理剤散布つづく。
6月6日	08時、前日の濃い油の帯は南下し、小名浜沖に移動（写真2）。 江名、中之作に各々ＯＦ400mと高粘度回収ネットを搬入、10時から中之作で油の帯に沿って**高粘度回収ネットによる回収**開始、ＯＦのＵ字型曳航回収も実施 （後年、写真27に示す衛星写真から沖合にも大きな油塊群が存在していたことが分かった）
6月7日	主たる油の帯は南下し、平潟沖に移動。小名浜港内で地元の**油回収船「第2さくら丸**」の協力を得て、回収作業を行う。更に回収船「広野丸」の協力を要請したが、B重油対応装置のためとして断られた。江名ではＯＦのＵ字曳航による回収を行うが、潜り抜けが多く不評。 大津の漁業組合から皆疲労困ぱいで作業が限界との連絡があった。

6月8日	主たる油の帯は大津周辺にあり、大津で高粘度回収ネットによる回収（750ℓ回収)、「第２さくら」による回収を実施。同船の設計建造会社技師、国家石油備蓄基地回収船担当者も同乗。油処理剤の散布は続いているが、漁業組合から効果が無いとクレームがあった。
6月9日	昨日まであった大津沖の油の帯は、08時のヘリと漁船４隻の調査で見当たらなくなった。このため、漁業者による作業を中止。
6月10日	ヘリによる調査を12時、17時に行ったが、濃い油の帯は見つからず、薄い油膜が全体的に見つかった。これらは漂着した油からの油膜と思われた。江名の海浜、テトラに大量の油がハンバーグ状に漂着しており、これらの回収に主たる作業を移すこととした。**高粘度回収ネットを漁船とガット船の組み合わせ**で実施。ガット船は前日大津等で回収したネット袋（回収油入り）も揚集。油処理剤の散布続くが、巡視船から効果が不良と連絡受ける。
6月11日	小名浜以南に油は認められず、江名、小名浜周辺の港内及びテトラ等に漂着した大量の油がある。 江名でＯＦのＵ字曳航回収を実施、バキューム車（２．５トン)、クレーン車、柄杓、タモを活用、港内は「第２さくら丸」で回収。漁業組合から、費用の仮払いの強い要請があった。
6月12日	沖合いの油は認められなくなったため、午後から油処理剤のヘリと作業船による散布を終了とした。小浜地区の漂着油の回収（手作業)、**諏訪川に大量の油**が入っているとの連絡により調査。
6月13日	漁業者は疲労のため休み、業者手配作業員により小浜地区、中之作で回収作業（手作業)。
6月14日	ヘリによる調査、沖合いに油はなく、江名地区の大量の漂着油を確認。 福島県庁で関係者一同に集まっての打ち合わせ会議。
6月15日 16日	諏訪川に作業員20名による川底に沈殿した油の回収（17日まで実施)。河口から１千㍍程上流まで油が侵入し沈殿、葦を刈り取り、油を確認、消防ポンプで下流に流した。豊間海岸で集積されている油混じりの砂100ｋｇを採取、２．５mm メッシュ網で篩い分けし油分の調査
6月17日 ～19日	江名のテトラポット60個陸揚げし、消防関係者、ボランティア、業者等約80名により、周辺漂着油の回収を行う。この前面の**海底で大量の沈殿した油**が見つかる。 付近海水調査結果、水温13℃、比重１.010
6月20日	江名と小浜のテトラポット内に入り込んだ油塊を源とする薄い油膜が大津方向に延びている。 これらテトラポット内の油と沈殿油の回収が以後の作業。
6月21日	**２号業務終了**、以後サーベィヤーの対応となった。現場作業及び海保の対策本部は７月８日まで、県対策本部は７月23日まで維持された。
8月27日	台風11号による時化で、海底に沈殿していた油が江名前面海浜幅50m、長さ200mに漂着

図2　油の位置　6月5日　ヘリから観察スケッチした図（海保と県水産試験場が作成）

写真3　豊間海岸に漂着した油	**写真4**　漂着油の回収　江名地区

エマルジョンに

（3）　流出した油について

川崎の製油所で2,000klのC重油を搭載し、石巻に運送中であった。衝突により破損した右舷2番と3番タンクから，C重油約520klが流出した。

①　搭載されていた重油の性状（当時の試験成績報告書から）

表2

密度（15℃）g/cm³	0.992	残炭　%	12.8
引火点	103℃	灰分　%	0.03
動粘度　（50℃）	175cSt	硫黄分　%	2.29
流動点	＋5℃	総発熱量　kcal/kg	10,200

②　回収した油の分析

6月2日から19日にかけて、小名浜漁港内等で採取した油9検体について、海上保安大学校に依頼してガスクロマトグラム、比重、含水率、油処理剤の混入状況、ふるいで分けた砂に含まれる含油濃度等の調査（**写真5**）を行った。検体は何れも腐敗臭があり、微細な夾雑物（除去が出来ない）を含むチョコレート色のムースになっていた。

調査結果、検体の比重は1.010～1.023、含水率50～60％、油処理剤の混入の痕跡等が判明している（結果を**図3**、**表3，4**に示す）。

又巡視船が6月2日に浮遊油の粘度を測定し2万 cSt 以上と公表していた。

図3　ガスクロマトグラムによる解析

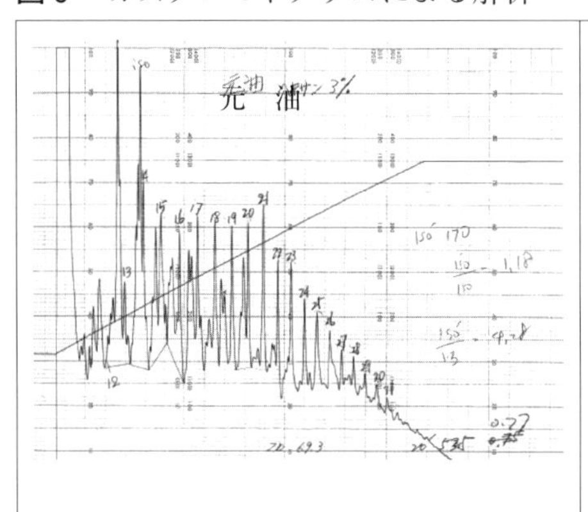

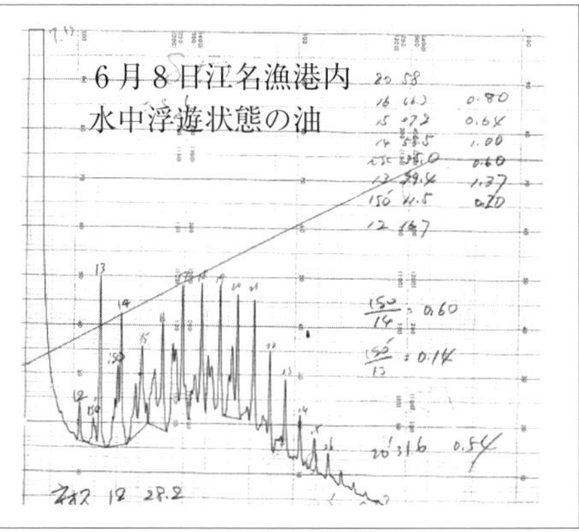

表3　サンプル油の性状分析結果

採取日 6月	採取場所	比重（15℃）	流動点 ℃	蒸留法 含水率％	残渣物 重量％	参考
2日	小名浜港　浮遊	1.010	7.5	58.7	1.65	比較的きれい
4日	中之作　海底	1.014	10.0	59.0	2.32	海草混入
12日	江名小浜テトラ内	1.013	2.5	50.5	1.10	比較的きれい
15日	江名造船所テトラ内	1.023	10	57.4	2.50	海草・砂混入
19日	江名　海底	1.019	12.5	52.6	3.21	海草混入
24日	江名　海底	1.079	7.5	57.4	9.97	海草・砂混入

表4　砂に含まれた油分（**写真3**の豊間海岸で採取した砂）

篩いで篩い分けた砂		ppm
2.5mm 以下の砂	湿ったままの砂に対する含有濃度	403
	乾燥させた砂に対する含有濃度	416
2.5mm 以上の砂	湿ったままの砂に対する含有濃度	15900
	乾燥させた砂に対する含有濃度	17000

写真 5
砂を篩い分けして油の含有量を調査
砂の含有量　豊間海岸に漂着した油を重機により集積、2.5mm メッシュの金網で篩いに掛けた(砂には夾雑物が多く測定値にはばらつきがでた)

③　回収した油と海砂等の処分

回収された油等の処分について、福島県平保健所長からセンター会長宛 6 月30日通知文書が送られ、この文書により産業廃棄物として処理することとなり、約 1 , 100トンが地元処理施設で焼却処理された。又油で汚れた海砂については、一部は海岸管理者の指示に基づいて海岸に埋め戻しが行われた。

(４)　防除作業

①　油処理剤の使用

(イ) 事故直後に油処理剤を主とする防除方針が関係者により決められて、一部高粘度タイプを含め通常型が大量に散布された。散布はヘリコプターと作業船により行われ、散布された量は約324kl（18,000缶）に及んだ（我国で使用された最大の量)。散布後の科学的調査確認は行っていない。

(ロ) 高粘度のムース油に油処理剤を大量散布したことについて、初期段階から疑問が、漁業者、海保からも寄せられていた。又 7 月になって油処理剤メーカー研究所技師からは、当該ムース油へ油処理剤を散布したことは、基本的に間違いであると指摘を受けた。

本事故を含め、油処理剤は法が定めた万能薬と誤解している人は少なくない。元々昭和48年運輸省通達は、「流出油がタール状になっている時、油処理剤を使用してはならない」と国家の基準を示していたはずであった。

写真6
油処理剤の補給
エアロスパシャル
400ℓ／回

② 油回収船

(イ) 地元の回収船「第2さくら丸」は6月7日から10日まで、小名浜港内、大津周辺で約1klを回収した。同船の回収装置（ＭＩＰＯＳ）は法定基準で作られているため、C重油／ムース油ではポンプが機能せず、集油ウェルに溜まる油は手作業ですくい取ってドラム缶に回収した（船体タンクの使用は高粘度油の為避けた）。同船の運航に際し、メーカーの設計技師、同型船を持つむつ小川原国家石油備蓄基地担当者も同乗して支援に当たってくれた。このメーカーと国家石油備蓄基地担当者の経験は、ナホトカで生かされる事となった。

(ロ) 地元相馬港にいる回収船「広野丸」の出動を会社とメーカーに求めたが、メーカーからは本船の装置はB重油の回収を目的としているとして断られた（当時この装置は国内で最も普及していた）。

写真7　油回収船　第2さくら丸
小名浜石油㈱所属回収装置MIPOS装備
同船は平成21年解役し、現在は作業船新さくら丸に回収装置コマラを搭載し、バージ船さつき丸とペアで配備されている。

③ 高粘度回収ネット

このネットは当時海上災害防止センター、海保が数多く保有していたが、実戦で使用したのは、２回目である。２隻の漁船により油帯に沿って回収油の入る袋（１klの容量、２mmメッシュの網）を曳航して油を溜めて、一杯になったら洋上で袋の交換を行った。

この交換は小型船から身を乗り出してロープを外し、袋口を閉じ新たな袋を取り付ける困難な作業を伴った。曳航して半分ほど袋に油が入ると、メッシュが詰り堰の様になって前面に油水が吹き出し、性能限界となった。又油の入った袋の管理も困難で、一部は岸壁で吊り上げて回収したが、２mmメッシュの網目から殆どの油が漏れてしまった。このため、残りの袋は目印をつけて後刻ガット船「第25飛龍丸」によりすくい上げて回収を行った。当時、エマルジョンはその高粘度故に２mmメッシュから漏れないはずとの先入観があったが、現実は予想とは違った。

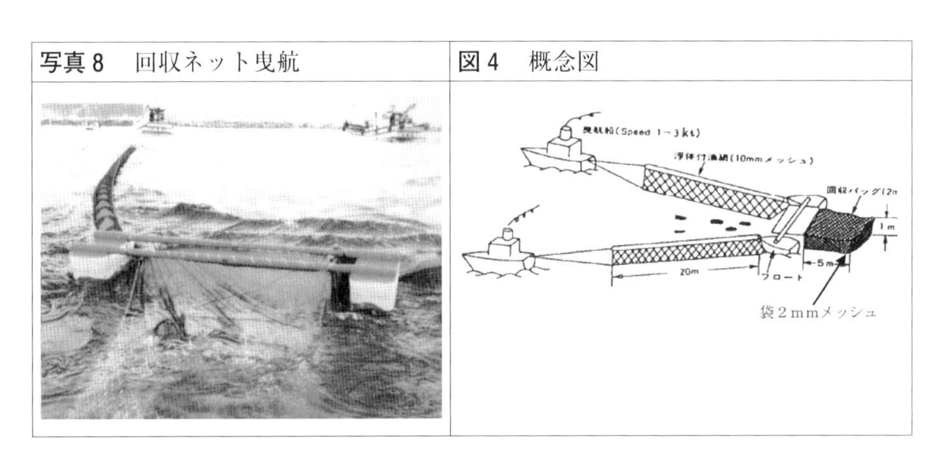

写真８　回収ネット曳航　　**図４**　概念図

④　オイルフェンス

B型オイルフェンスが3,000m使用された。U字型に曳航しての集油と港口の閉塞等の目的で展開したが、その構造上の問題が顕在化し一部を除き、殆ど目的を果たすことなく、大変な付帯作業を伴ったこともあり作業に当たった漁業者から酷評を得て、以後の協力を拒絶される事態となった。問題は、曳航によりスカートがめくれ滞油性を喪失し、それでもやっと集油したゴミ交じりの油も**写真11～14**の問題があった。

写真９　集油のためＵ字曳航、殆ど漏れた	**写真10**　使用後ＯＦ、スカートは汚れていない

⑤　バキューム車

岸壁に寄せた油の陸揚げ回収のため、バキューム車を使用したが、海面から車上まで揚程４ｍでは吸引力は弱く途中で断念、手作業での回収となった。真空圧ではこの種高粘度油を吸引しないことの確認となった（この結果、強力吸引車の調査が進んだ)。

写真11〜14　写真９のＯＦを岸壁に引き寄せ、バキューム車等で回収・難儀した

⑥油吸着材

万国旗型とフェンス型（全てタフネル）が1,100ケース使用された。

しかし、油は油吸着材に吸着せず表面を汚す程度の性能であった。

油吸着材は、Ｂ重油を基準に作られているためか、この高粘度化したエマルジョンには不向きであった。

写真15　油は転がる様に通り過ぎた	**写真16**　テトラ内に溜まっている油の回収

写真17、18　テトラ侵入防止のため、吸着フェンス、万国旗展張、しかし吸着は殆どしなかった

⑦　護岸テトラポット内の油塊

油が漂着した合磯岬から勿来までの海岸には、砂浜の他テトラポットの護岸が多かった。テトラポットの中に入り込んだ油は、テトラの中で人力による回収となった。数段積み重ねられたテトラポットの上段は吊り上げて移動した。

写真19　小名浜造船所近く テトラを吊り上げ移動	**写真20**　テトラ内の回収地元消防団、 ボランティア等により実施された。

（5）　特記事項

①　油が行方不明

6月9日朝、前日まで現認されていた**写真2**の様な油の帯が突然見当たらなくなった。

前日の位置関係から予想される大津沖をヘリコプターと漁船で探索したが海面から消えたことが確認された。状況から沈殿したものと推定されたが、海底の調査等は出来なかった。しかし、後日大津漁協組合から「海底から釣り上げた魚に異変があり、ピンク色で油臭がある」との情報があった。後年になって当時の人工衛星写真（**写真27**）の存在に気が付いたが、沖合にも油塊群が当時あったことを示している。当時はこの油塊群に関しては全く把握できていなかった。定期的な航空機の監視で見落としたのか、又は沈下してしまったものと思われる。

②　沈殿油と台風

6月17日、江名漁港造船所前面の海底に大量の油が沈殿しているのが船から確認された。このため、ダイバーで調査したところ、油は水深1～5m、幅100m程の海底のあちこちに散在していた。また、付近海面と漁港内には垂直に浮かぶ筒状の油塊も数多く確認された。他の海域と水深5m以上の調査はできなかった（本文40頁の**図1-20～22**参照）。

福島県水産試験所は、沈殿油の潜水調査を実施していた。海底に沈んだ油の回収は、6月下旬サルベージ会社により、台船に吸引ポンプを搭載し、ダイバーにより実施された。しかし、3か月後の8月17日、台風による時化で海底に残存していた沈殿油が再び大量に海岸に打ち寄せた（8月19日朝日新聞朝刊）。

写真21　漁業者による沈殿油の回収

写真22　岩間　引き潮で移動する油塊

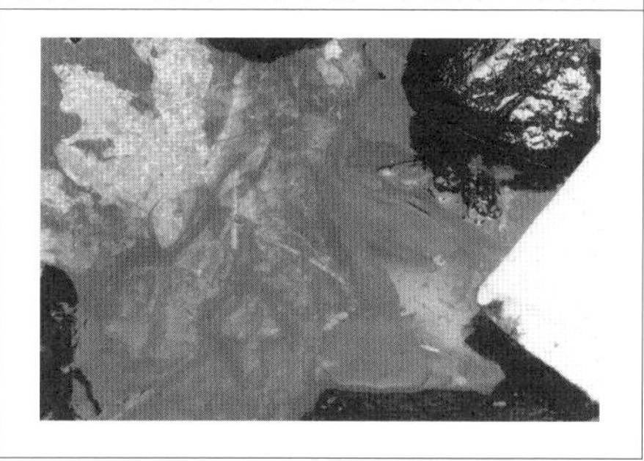

③　川を遡上した油

6月12日、諏訪川（豊間海岸）の河口から数百m上流の間に、大量の油塊が見つかった。時化の満潮時に油が遡上したものと推測され、河原の葦、護岸壁、川底にその痕跡が残されていた。これらの油は、下流側にオイルフェンスと吸着フェンス、万国旗を展張して、上流から放水、川底の油塊はつかみ取りで回収した。油塊の殆どは川底に付着していた。海から川の上流に油が遡上する事例は、その後も起きている（資料2NO64、65）。

写真23、24　下流側の作業、川底の回収、上流からの油膜をＯＦと万国旗等で回収

写真25、26　河口から300付近、油付着葦刈取り、汚染状況の確認	

（６）　衛星画像

油濁事故に伴う漂流油の衛星写真は、平成２年マリタイムガーデニア号以来ほぼ毎回撮影されて、ネットで公開されている。泰光丸の油膜についても、１枚であるがその映像が水路部技報で紹介されている。この映像は６月６日の撮影であるが、その前日ヘリコプターからスケッチした**図２**で示す油の位置よりも10km程沖合にも油の塊があったことを示している。

写真27 人工衛星の映像 （水路部技報第18号2000.3　P47から） ６月６日の状況 沖合の油帯の存在は当時全く情報がなく、対応していない。これらの油がどの様になったのか不明のまま	

後記

本事故については、海上防災79号（1993年）で概略紹介されましたが、当時は記述の出来ない内容がまだ多くありました。この現場に私が着いた時、異様な雰囲気と２号業務をどの様に組み立てるか悩みました。既にサーベイヤー主導で、油処理剤がトレーラーで続々と大量に持ち込まれ、是非の検討もなく散布が始まっておりました。油の性状と私の経験から、回収船、回収ネット、バキューム車、ＯＦのＵ字集油と地道な人海作戦を急遽計画し実施しましたが、振り返るとどれも落第点の結果で逃げ出したい思いに駆られました。しかし、この経験は、翌年の豊孝丸、更にナホトカでの対応に生かされ、新型ボトムテンションのオイルフェンスを作る動機になりました。

今一度本事故の特徴を振り返ると、

・大量の油処理剤を使用（万能薬と信じている人が多かった）
・油処理剤メーカーの技師が「この油に油処理剤を使ったのは間違い」と後刻明言した事
・大量の油が行方不明
・海底に沈んだ油が見つかる
・テトラポットの中に油が入り、その回収に難儀（強力吸引車を活用するヒントとなった）
・砂浜（豊間海岸）に漂着・・・回収方法の模索
・油が川の上流に侵入（エマルジョンが真水に沈む事を確認、２例目）
・現行オイルフェンスをボトムテンションに代えることの必要性
・油回収船の構造改善の必要性（油種Ｂ重油の事故を想定した構造が法定に）
・甚大な漁業被害が発生
・人工衛星写真の活用方法　など多くの教訓を残した事例でした。

資料4　　海上防災172号　2017年掲載

私の油濁見聞記（ナホトカ号）

はじめに

日本の主要エネルギーが石炭から石油に移行しておよそ半世紀、この間に2万件以上の流出油事故の発生が海上保安白書等に記録されている。これらの中には大規模なものとしてヘイムバード号、ジュリアナ号、第10雄洋丸等の大型タンカーや新潟、水島等のタンク崩壊に伴う事故も含まれている。これらの経験と海外で発生した大事故※1により、少しずつ法規や資器材、組織の見直しが行われ、日本はこの分野で先進国のはずと自負する雰囲気があった。

しかし1997年、ロシアタンカー「ナホトカ」の流出油事故では、一変した。一つの事故が9府県・1千 km の海岸に拡がった事、数十万人のボランティアが集結、まだ人海作戦で柄杓が主力、日本の実情に疎い外国人（ITOPF の専門家）が現場で意思決定者の言動を取った事、国会議員等の横やり等初経験の部分は少なくなかった。

日本にとって、幸いだったことは、この数年前から前号で紹介した内航タンカーと貨物船による重質油500～900kl 規模の事故数件を、あたかも予行演習の様に経験し、対応策に幾分かの備えはできていたこと。 しかし、大きな改革は未完成のままになっていた。例えば

・技術面から、油回収船等の構造、運用、油処理剤の散布、オイルフェンスの改良、

・運用面から、体制、指揮系、法規の見直し等

これらの事は、未だに改良の余地を大きく残したままになっているのではないだろうか。

今一度視点を変えてこの経験を振り返ってみる。

図1　「ナホトカ」に関する最初の記事
平成9年1月3日 H 新聞朝刊

ロシア船浸水
1人行方不明
島根沖・31人救助
1.3

第八管区海上保安本部（京都府舞鶴市）に入った連絡によると、二日午前二時五十分ごろ、島根県・隠岐島の北北東約百六キロの日本海で、ロシア船籍のタンカー「ナホトカ」（一三、一五七トン、乗組員三十二人）が浸水したとの緊急通報を発信した。海上保安庁の航空機が同九時半すぎ、現場周辺海域で漂流している六隻の救命ボートを発見。乗組員計三十一人が救助されたが、メルニコフ・バレリー船長（四七）が行方不明。

※1　米国（1989年エクソンバルテーズ）、イタリア（1991年ヘブン）、英国（1996年シーエンプレス）等大型タンカー油濁事例で、日本でも類似事故の発生が懸念されていた。

1．概説

1997年（平成９年）正月２日未明、ロシアのタンカーナホトカ（以下Ｎ号と略称）は、火力発電用の燃料19,000kl を満載して、大時化の日本海隠岐島沖合を航行中、船体が２つに折れ、船尾部は沈没、船首部は５日間漂流の後、福井県三国の岩礁に漂着した。この海難に伴い、折損部から大量の重油が流出し、５日〜10数日の間で島根から秋田までの９府県（富山を除く）に漂着した。更に、座礁した船首部からも流出が続いた。

これらの油は風浪に撹拌され、短時間でお餅の様な状態に（油中水／エマルジョン）に変化して、その殆どが海岸に漂着した。そして、これらの油を回収するため、数十万人の人々が長い海岸線に集まり、様々な機械との組み合わせによりピット、ドラム缶、土嚢等に入れた。その量は５万トンを超え近くの港などに集められ、延べ65隻の船舶、トラック等により全国20カ所の廃棄物処理場に搬出された。しかし、程なく受け入れる処理場は飽和状態になり、搬出作業は中断を繰り返し、６月中旬までこの作業は続けられた。更に、船首部残油を回収するための作業も別途行われ、突貫工事で作られた陸と船首部間の仮設道路は、目的を果たした後撤去されることになり、この作業が地元の了承を得て終了したのは翌年３月末であった。

2．海上災害防止センター（以下センターと略称）関与の経緯と内容

この流出油防除のため、センターは１月５日1715、Ｎ号船主（船主代理人）から委託を受け（２号業務）職員を現地に派遣し対応に当たった（実質４日から各種手配を行った）。この業務は、初期の洋上と沿岸部から油の回収、そして搬出と処理場の確保、使用した資機材の後片づけ、請求事務など多岐にわたりセンター創設以来、否我国が経験する最も規模の大きなものとなった。更に１月14日センターは、海上保安庁長官から船首部残存油の抜き取り等を内容とする指示（１号業務）を受け、洋上で作業船による回収と陸岸から道路を造って回収する方法が並行して実施された。センターは、多くの業者を傘下に置いてこれらの業務を実施したが、彼らへの支払い額と時期に不確定さがあったため、銀行から５億円、国から90億円を借り入れて途中で仮払いを行って業務を続けた。一方、国際油濁基金との交渉、示談を終えたのは、５年８ヶ月を経た平成14年８月であった。

3．N号の要目等

船名　　　　NAKHODKA
総トン数　　13,175　　ＬＢＤ177×22×12m　　主機Ｄ9600馬力
船籍　　　　ロシア　　建造1970年ポーランド　　船級ＲＳ
船主　　　　PRISCO TRAFFIC Ltd.
乗組員　　　32名
積荷　　　　Ｃ重油19,000kl（上海で積み込み）
航海　　　　上海　12月29日出港、ロシアカムチャッカ州ペトロハブロフスク向け
船主代理人　インチケープP&Iリミテッド

4．流出した油と風化状態

① Ｎ号に貨物油として搭載された油は、日本で提供を受けて分析した結果、Ｃ重油であり、その性状は比重0.84、引火点84℃、動粘度2.8cSt（50℃）、流動点－15℃、等となっている（真偽は不明であるが寒冷地用の添加剤が入っていた模様）。別に「ナホトカ号事故原因調査報告書」資料編には密度0.959、流動点－17℃、粘度137cSt・50℃と記載されているが、これは後述④の分析と矛盾する[※3]。

② １月２日、船体が折損した時に流出した量は、6,240KL[※2]と運輸省から発表された。加えて、岩場に座礁した船首部に残存した重油2,800klも、その多くが船体の破壊に伴い流出していた。

※２　国内主要事故の流出量は、多い順に

・1974年12月三菱石油水島製油所タンク破壊事故：Ｃ重油7,500～9,000kl

・1971年11月タンカージュリアナ号の新潟座礁事故：オーマン原油7,200kl

③ 隠岐の島北東140km、水深2,500mに沈没した船尾部には、9,960klが残存していると推定された。深海探査機による調査が数回行われ、船体破壊に伴う大規模流出は当面ない、海面へ湧出はあっても沿岸漂着には至らないと判断された。この油の湧出は、１年間程続き、海保の監視下に置かれた。

④ １月10日、三国町海岸で油を採取、波間に浮いている時は流動性があるが、容器に入れるとたちまち固化し、裏返しにしても落ちなかった。分析結果は、含水率74％（3.8倍に膨張）、比重0.96であった（カムテック調査）[※3]。即ち１万klでは３万８千klに膨張したことを意味している（採取海域により含水率に違いがある）。

※３　前記①との比重対比でこの含水率から逆算すると、元油は比重0.85位

となり二つの説の前者が妥当と思われる

⑤　1月17日、船首部内部からの採取油は、粘度33万 cSt（8℃）、既に43%含水したエマルジョンになっていた（船体内タンクに海水が出入りしていた事を示す。海保の調査）

5．初期対応

1月7日、福井港（三国町）にある福井埠頭㈱内に現地対策本部を設置、初期の対応に当った。この対応は、海岸の汚染の拡大を食い止める事を目的に、洋上回収及び漂着した油の速やかな回収を当面の方針とした。この為に必要なガット船、強力吸引車等の車両の確保と運用、ピットの建設や回収された油の管理、受け入れ処理施設の確保とそこへの搬出、これらに付随する様々な折衝であって、緊急の事柄で満ちていた。更に外部からの悲鳴のような問い合わせ、プレスからの執拗な取材もあって、3本の電話回線はパンク状態が続いた（この頃はまだ携帯電話は普及してなかった）。この対策本部は、船主対策本部と呼ばれ保険代理人（サーベイヤー）、サルベージ、強力吸引車、処理、資材等各分野に経験豊富な専門家、そして海上保安庁、福井県担当者も詰め、この組織は効率よく機能した。センターはサーベイヤーを補佐する※4とともに多くの意志決定が任され業務に当たった。更に英国のITOPF（国際タンカー船主汚染防止連盟）から専門家P氏が派遣され、現場の最高意思決定権を持つような言動をして日本側を混乱させたが、彼らが何故ここに居てその様な発言をするのか、初めての事で分らなかった（以下P氏と呼ぶ、P氏は初対面時、世界60ヵ国で発生した大規模25件を含む油濁事故75件にITOPF及び英国政府職員の立場で関与してきたと述べていた。しかし2年後の費用交渉で、来日した国際油濁基金のヤコブセン事務局長は彼には技術的なアドバイスの権限しか与えていないと説明したが、当時の現場でのP氏の言は明らかにその域を超えていた）。以下、私の日誌等から1月18日迄、緊急事態時の記憶を辿ってみる（日誌には1月7日から翌年3月まで、記録が残されている）。

※4　センターが依頼者と交わした2号業務実施契約書に「・・・scope of operation to be executed, in accordance with the directions of Party A, by Party B shall be all or part of the followings…」の文言があった。このParty AがP氏とサーベイヤーと思われた

（1）　1月3日、4日、5日（荒天）

3日、全国の新聞の朝刊にナホトカ号海難が報道じられた（**図1**）。

4日朝、九管区海保本部から電話連絡「流出したC重油は約3,200KL、北西風の大時化」の内容から、「1万トン規模の沿岸漂着は不可避、センター業務にな

る」と判断しサルベージ会社等にガット船の手配を始める（私は正月休みで札幌に居たが、急遽４日東京に戻った）。

５日1710，２号業務の委託を受ける。油の回収のため、オイルフェンス等資器材、ガット船数隻をサルベージ会社、産廃業者に正式に手配する

（２）　１月６日（荒天）

早朝職員２名（畠山、西田）を舞鶴へ、金沢へ１名（田淵）派遣、荒天のため流出油の位置関係不明。強力吸引車数台の手配を、信用のあるメーカーに依頼した。

（３）　１月７日（荒天）

① 早朝、前日依頼したメーカーの手配により、新潟から強力吸引車数台が三国に向けて出発

② 11時頃、N 号船首部が三国町岩礁地帯に漂着する。前面海岸に大量の油が打ち寄せたため、佐々木を三国に派遣。私は、夕刻の海保現地対策会議で「２号業務として、洋上はガット船、沿岸は強力吸引車等機械による回収、三国にピットを造る」旨説明した。

同様の説明をサーベイヤー、県、町に行うとともに、状況と経験上油処理剤は使用しない、手配もしない事も強く伝えた。

写真１ １月７日16時頃、三国町安島地区に漂着・座礁状態の船首部と流出する油 船首部には当初2,800kl の重油が残っていたが、座礁によりその多くが流出して前面海浜に漂着した	
写真２ １月８日午後 距岸200m程 皿状の岩場は、岩ノリの採取場で、海女さんにより２月から始まる予定であった	

（4） 1月8日（午前荒天、午後から平穏に）

① 船首部から大量の油が流れている。午前、福井県消防防災課と三国町に2号業務内容を説明・協力を依頼し、特に回収油が大量になるため相応のピットを緊急に建造する事をお願いした。ピットの容量は2,600立方ﾒｰﾄﾙ（予想される流出量の半分程）、突貫工事により翌9日朝福井港に完成（**写真17**）。

② 地元の小型吸引車による回収始まるが、油の受け皿がなく1回の作業で中止になる。

③ ガット船寿2号広島から回航途中、他のガット船の動きがなくサルベージを催促

④ 石連手配の回収装置GT185とDESMIが搬入され、GTは早速石連西垣部長の指揮の下に実地試運転、翌日からの本番に備える

⑤ 夜、石川県加賀市塩屋海岸に大規模な漂着あり

（5） 1月9日（平穏）

① 海上平穏、船首部周辺にオイルフェンス展張、地元国備の回収船「あすわ」出動

② 回収装置GT等を安島の海岸からクレーンで吊り運転を試みるが、水深が浅く運転不能、バケツで装置に油を投入し揚程差10mに設置したファスタンクに送る。結果、2時間でファスタンク4個に回収。この方法で以後も自衛隊員、漁民で行われた

③ 新潟からの強力吸引車5台を含む15台体制が、ピット（10時完成）の完成により整った。延べ50台で125klをピットに投入（強力吸引車は現場とピット間をピストン輸送）。現場とピット間は警察による交通規制が行われた。このピットは第1ピットと呼ばれた

④ ガット船の増強を再手配したが、P氏の拒絶によりキャンセル（5日に手配していたガット船もキャンセルされていた事が後刻判明）

⑤ 船首部付近で採取したサンプル油に対して油処理剤3種類（新型と通常型2種）による乳化テストを、メーカー技師と実施した（**写真3－1**）。海水温度8℃、気温4℃、薬剤比1対1の現場条件下で効果がなく2号業務として使用しない事を改めて確認し関係者に周知したが、他機関により160klが1月末迄ヘリにより散布されている

⑥ 加賀市塩屋海岸では早朝から重機による回収が始まる

⑦ N号船首部前面に油の集り易い凹状の海岸があり、ここで機械が活動できるように県道から仮設道路を造る事を申し入れ工事が決まった。この道路は後に2号道路（**写真8、12**）と呼ばれたが、船首部からの残油抜き取り（ホースライン）の基地としても想定した

⑧ 自衛隊員200名体制とボランティアによる安島地区での回収始まる。油は

バケツリレーでドラム缶とファスタンク（**写真3-2**）に入れられ、容器内の油は強力吸引車で抜き取られピットに運ばれた。

写真3-1　9日朝
油処理剤3種類テスト
船首部前面海岸で採取した油
海水温度8℃、気温4℃、
薬剤対油比1対1

写真3-2　三国安島の回収作業　1月9日　強力吸引車、回収装置、自衛隊、ボランティアによる

1月9日、ピットの完成により回収の流れが出来る

写真4　9日朝 加賀市塩谷の砂浜3.3kmに8日夜から大量の漂着、 重機による回収、後背の砂浜に埋めたため 後々大きな問題を残した	

（6）　1月10日（平穏）

①　三国地区は、強力吸引車54台で350klをピットへ搬入。自衛隊による回収装置数台を応用した回収※5、五洋建設によるコンクリートポンプ車による回収始まる（**写真13**）。ピット補強、ピットには管理人を置き出入りする車を記録した。

※5　海岸でフロートを外し運転、油を人力で堰に投入し、ファスタンクに送油

②　前日決めた2号道路の建設開始

③　県によりドラム缶等の置き場福井港に設置。

④　広島からガット船寿2号三国に入港、準備を行う（土倉の底に排水ポンプ設置等）

⑤　広島からガット船第18大興号回航途中

（7）　1月11日（平穏）

①　強力吸引車は稼働3日目、60台により450KL、3日間で925KL（**写真17**）搬出し三国の回収は見通しがついた。自衛隊等による回収は9日からの累計ドラム缶920本

②　午後、タクシーで石川県（金沢市）に向かう。途中加賀市塩屋海岸の現場に立ち寄る。県庁で宮原水産課長の案内で谷本知事に面談し2号業務内容の説明、知事の求めにより緊急会議で県幹部に本事故のポイントを説明、洋上回収の協力を依頼。寿号による洋上回収準備（石連の大型充気式オイルフェンス搭載と排水ポンプ設置等)、充気用ブロワーを三国から陸路で金沢港「白山丸」に緊急輸送（パトカー先導)。金沢沖合に巨大な油塊群が確認されていて、これを回収する事が目的であった。更に強力吸引車、ピットの活用についてお願いした

③　米国の俳優ケビンコスナー氏から、油水分離装置の提供のオファーがあっ

たが、現時点での対応は不適として感謝しつつお断りした。

④　2号道路完成。大型車両が海岸まで出入りできるようになる

⑤　能登半島西沖合から舳倉島周辺海域に、数十トンから数百トンの複雑な油塊群が存在する事が航空機情報として寄せられた（この油群は衛星写真でも公開された）。

図2　衛星写真（日経13日朝刊）

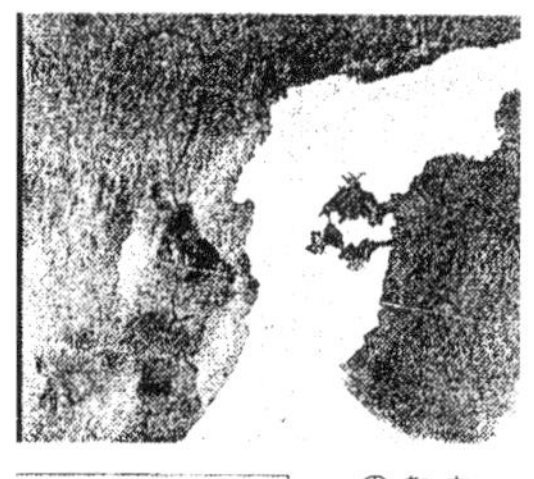

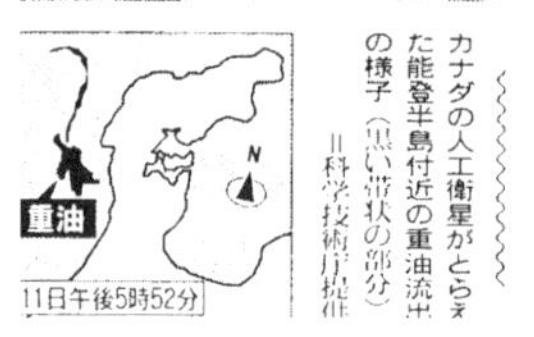

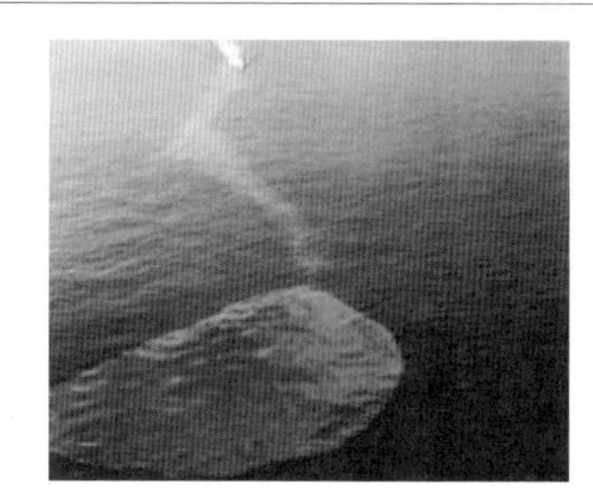

写真5　巨大な油塊（10日）

（8）　1月12日（平穏・南の風）

①　寿2号（三国を未明に出航）、石川県調査船白山丸（金沢港出港）と作業船かがり丸は能登半島の沖で会合し、3隻で船隊を組んで油塊群を探す。あるはずの巨大な油塊との会合は叶わず、小規模の油塊群でオイルフェンス（以下ＯＦ）のＵ字展張を行い集油、グラブによる回収を試みた。しかし、ＯＦの効果が少なく（構造に原因）寿2号単独の回収作業となった（**写真7、9**）。寿2号には、海保機動防除隊員、センター職員2名、メーカー専門家が乗船して作業に当たった。同じ頃、近接した海域で**写真6**に示す事実があったことを後から知り、断腸の思いが残った。

②　船首部前面の漂着油の回収のため、強力吸引車28車、コンクリートポンプ車2セットフル回転、他に石油連盟の回収装置5機も活動、第1ピットに2千kl運ばれ容量的に限界となる。2号道路に強力吸引車が占位して油の回収始まる（**写真12**）。

③　輪島漁協は8日から猿山岬沖合をパトロールし油塊群を把握していた。そして12日から市長と市民の見送りを受け戦いを始めた。翌日時化までの間、延べ81隻、690人を動員してドラム缶700本分を回収している。（「油濁基金だより84号」に詳細紹介）

<table>
<tr>
<td>写真６　輪島漁船団の戦　１月12日
猿山岬沖合この油塊は、
100×200m、厚さ50cm 程
月に人が行く時代に、柄杓で回収とは、油の上が歩けるような感じ、と漁業者は語っていた</td>
<td>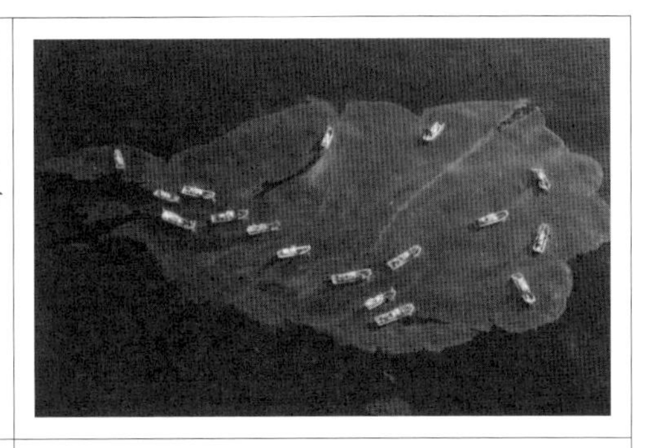</td>
</tr>
<tr>
<td>写真７　寿２号と白山
12, 13, 17日の３日間、
グラブで油塊を掴み取り480kl 回収、後ピット油等の受け皿となり、三国・飯田から広島の処理場にピストン輸送と大活躍した
残念な事は、
・写真６の油塊に会合出来なかった
・ＯＦスカート下から油の漏出が多かった</td>
<td>
L86m,B18m　船倉3000m^3、グラブ８m^3</td>
</tr>
</table>

（９）　１月13日（平穏・南の風）

①　三国海岸では、船首部から新たに油が流れているが、漂着油は残り僅かとなった。ピット投入合計は強力吸引車296車で1,800kl（すべて船首部からの流出した油）、三国の強力吸引車の大半を石川県珠洲市に移すことを決める。寿２丸は前日分と合わせ480KL 洋上回収（約2,000kl の油水を回収し、海水を排出した残りが480kl）

②　小浜地区　漁船により高粘度回収ネット（171頁、**写真８**で説明）で回収、好評であった（194頁、**図６**）。

③　現場が増えたため、資器材を使いこなせる中核的人材が不足、函館の防災艀アトム号の要員10名の派遣を急遽要請し作業船、回収現場に指導者として配置した

④　Ｐ氏の判断で、シンガポールのＥＡＲＬ※6から超大型回収装置一式（**図５**）と人員が緊急に現地入りする事、支援の大型作業船、支援船と回収油を入れるタンカーの手配が決まった。この装置では無理であると思ったが、既に大阪に資器材・人員が空輸されていた（この件でもＰ氏の言、能力に疑問があった、この手配は少なくともこの数日前に行われたと思われた、更に同僚のＪ氏は、洋上回収は無理、漂着油に専念すべきと公言していた）。

※６　ＥＡＲＬ　East Asia Response Ltd　東アジア油濁対応会社、技師５人が来日

(10)　１月14日（午前平穏、午後から荒天）

①　北西の強風へと変化し、午前で海上作業中止。三国の海岸の主たる油は回収され、以後、岩肌に付着又は新たに船首部から出てくる油の対応となった。

②　金沢沖で午前「鳴門丸」「白山」により大型ＯＦで集油して回収装置DESMI250による回収を試みるが、油は固化し流動性がないため回収不能。新たに加わったガット船８大興号（寿２号の姉妹船、2,000m３の土倉）で掴み取りを行った。

③　三国ピットに入れた油は2,200kl となり強度に心配があることから、近場に300kl のピットを緊急に作り、ここに回収油投入開始。

④　海上保安庁長官から、船首部残油抜き取りのため、１号業務の指示を受ける。（船首部に2,800kl の残油があったと云われたが、既に船首部の油は相当の量が流出し、前面海岸に漂着していた）

⑤　航洋丸にＰ氏の要請によるＲｏシステムの取り付け始まる。溶接を伴い、16日夕刻まで工事が続いた

⑥　ピットが不足のため、ピットの油を寿号に移送、油の粘度が高く各種ポンプで試行の結果スクリューポンプを使った。

⑦　２号仮設道路を拡充（船首部からの漂着油と残油抜き取りに備えるため）

(11)　１月15日（荒天）

①　昨日来の荒天により、船首部付近のオイルフェンスの殆どが海岸に打ち上げられた

②　珠洲市の海岸に大規模な漂着が始まった（**写真５、６**の油塊群と思われる）

③　三国から珠洲地区に派遣した強力吸引車は、珠洲の海岸で回収はしたものの、その投棄ピットがなく、油を積んだままで三国に戻ってきた、乗員の宿も店にパンもなかった

④　金沢港のピット完成（**写真20**）

⑤　寿２号にピットの油の積み込み作業を行う（三国第１ピットから）

⑥　若狭湾常神半島西海域に油塊押し寄せる。（地元漁民により沖合手作業で回収、沿岸に寄ったためＯＦを展張して集落を守った（「油濁基金だより83号」に詳細紹介）。

写真8　仮設道路
嵐で打ち上げられたＯＦ
Ｎ号周辺に展張されていたが、２号道路前面に漂着した（Ｃ型固形式）。
撤去、搬出、運搬、焼却処理が待っている

(12)　１月16日（平穏）

①　大型充気式オイルフェンス（ハイスプリント1500）とガット船の組み合わせによる洋上回収チームを編成。ガット船第38勝丸（499総トン）、タグボート碧鳳丸、県調査船白山の３隻体制でＯＦのＵ字展張により集油して回収するのが目的で、センター訓練所教官が同乗した。しかし、３隻で能登半島西海域の油塊を探すが見つからず、日暮れとなり更に、白山はプロペラにロープを絡網して脱落、この作戦は失敗した。海上防災93号に訓練所教官山口氏が詳細な記録[38]を残している。

②　三国でピットの油を受け入れ中の寿号に積み込みを中止させ、新たな情報により能登沖の油塊回収に向わす。海域を４つに分け、回収船を配置することとした（**図３**）。

図３　回収船の配置
油塊の存在する海域ごとに回収船、ガット船を図のように配置する事とした

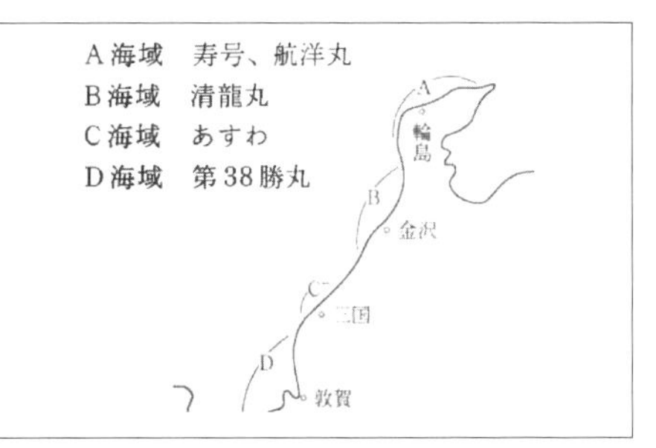

(13)　１月17日（平穏）

①　洋上回収のため各海域で回収船活動開始、しかし、航空情報に油塊群がない。三国の第２ピット（600KL、鋼製）完成

②　ロシアの回収船ネフティガス号能登半島沖に到着、回収油を入れるためのタンカー「ときわ丸」三国で待機（結果的にロシア船は成果を挙げることはなかった）

③　飯田港

15日、石川県宮原水産課長から「油塊が内浦の大型定置網に近づいている、対応を頼む」との要請を受け、大型ガット船大興号と作業船を飯田港に派遣、周辺海域（輪島から禄剛崎の間）で回収された油（ドラム缶・フレコン・トラック積みの油汚物）の受け入れを行った。この飯田での受け入れは一月程、満船になると交代して続けられた。満載した船は、広島県福山の処理場間を１週間程で往復した。周辺海域では、作業船とガット船の組み合わせによる高粘度回収ネットによる回収も行われた。

④　深夜、富山湾にオイルフェンスを幾重にも展張する様に霞が関から強い要求があり、激論になった。翌日昼、三国からＯＦをトラックで輸送中にこの要求は撤回されたが、現地に嫌なしこりが残った

⑤　Ｒｏシステムを搭載した航洋丸（16日21時福井港出港）はＡ海域（**図３**）で油塊探査しつつ回収作業開始するが、非効率で見つからないことと、このシステムでは回収できない油である事の確認となった

⑥　ガット船第38勝丸、敦賀沖で150トン回収、敦賀港のピットに投入（**写真19**）

（14）　１月18日（嵐）19日（嵐）

①　北西からの強風と大波により殆どのガット船等船舶は港内待機、航洋丸と日本丸は富山湾沖で油の回収に当たる。ドラム缶40本程回収、飯田港に陸揚げ

②　能登半島全域をヘリで調査、輪島から長橋間に大量の漂着確認、夕刻珠洲市の対策本部に参加、強力吸引車、ガット船寿号と第８大興号を飯田に常駐させ回収油の受け皿にする等この地区の漂着油対応強化を決める

③　富山湾を守るため、第８大興号、タグボート碧鳳丸、県調査船白山の３隻による油回収チームを現地に置いた。指導はセンター訓練所山口教官が当たった（結果は、大きな油塊が見つからず、第８大興号は寿２号と共に飯田港で回収された油の受け皿となった）。

④　敦賀の空ピットは前夜の強風で破壊した（**写真19**）

６．回収

洋上の油及び沿岸部に漂着した大量の油塊については、最優先の事として回収に努め、使用する機械の選択、貯油容器、輸送等の確保を急ぎ行った。当初期待した洋上回収の成果は1,000トン程度に止まり、残りは沿岸で回収された。

（１）　洋上

冬季の日本海は、大時化が多く、洋上回収は無理との意見があるが、平成２年

1月のマリタイムガーデニア号では、大時化の後には必ず数日の平穏な日があった。N号でも1月9日午後から1月14日まで16日～17日までの計7日間は海上作業が可能な平穏状態が続き、この間に手配したはずのガット船々団の洋上回収が大々的に行われていたら、という悔しさは残ったままになっている。洋上回収は、沿岸に漂着するまでの限られた短期間内での戦いである。1月16日以降は、海域を4つに分けて各海域に担当する回収船を配置した。どこに油塊があるかという情報が非常に重要であった。

① ガット船

ガット船は、風化した高粘度油の回収に最適のため、1月5日から数隻の手配を打診していた。しかし、正月であり、冬季は主に瀬戸内で稼働し日本海に少ないこと、回航費用負担等により確保が困難であった。その様な中で1月9日大型ガット船「寿2号」、10日に第8大興号が広島から福井に入港した。しかし、ガット船の増強はこの時点ではまだP氏の同意が得られなかった。1月12日、寿号が成果を上げたため同意が得られ増強、第3船は1月16日から第38勝丸（499Gt）、第4船は27日から第20天神丸（499Gt）等6隻が稼働して約1千トンの油塊を洋上で回収したが、既に遅く、戦機を逸していた。

写真9、10 寿号と白山丸 12日
B型OFによる集油、大型充気式OFの搭載を寿号に計画したが、舷の高さ等から諦め、B型を搭載した。充気ブロワーは前夜金沢に運び白山丸に搭載済みであった。結果は、スカートが浮上して集油出来なかった

② 法定の回収船

福井、むつ小川原及び白島（北九州）の国家各石油備蓄（株）所属油回収船計３隻が福井県の要請により派遣され回収作業に当った。これらの回収船は、各石油備蓄基地の自衛防災を目的とし、法律により構造、配備が定められているもので、何れも初の実戦参加であった。実作業に入る前に、まず各船に装備されている送油ポンプを高粘度用のポンプに交換する必要があった※6。このポンプは仙台等から緊急の空輸を行い、装着は福井港で行うため、回航途中の回収船は油塊群の中を航行しても実作業を行うことは出来なかった。

また、各船のタンクは回収油を入れると後からの抜き取りが難しくなるため、甲板上にドラム缶を置きこの中に入れることとした。

※6 これらポンプの手配等の段取りは、1993年の泰光丸で同型回収船を運用した経験を国備会社担当者が理解していたため、速やかに実行できた(資料３で紹介)

③ 清龍丸

運輸省所属の浚渫兼油回収船「清龍丸」(3,526Gt) は、名古屋から荒天下現場に回航し、１月上旬から２月中旬にかけて主に能登半島西海域で業務に当たった。そして約１千トンの油水を回収した。同船には、シクロネと三菱傾斜板式の回収装置が両舷に装備されていて、高粘度用のシクロネが使われ回収された油は槽内に入れられた。しかし、槽からの排水を15ppm で制御したため槽内は殆ど海水のままであった。タンク内の海水を何故現場で排水しないのか？ 素朴な疑問が大きく残った。

④ ポンプ搭載台船

三国安島漁港付近海域で１月13日、地元の小型クレーン台船にポンプを搭載し、油塊を舷側にオイルフェンスで引き寄せてドラム缶に回収する方法が実施された。ポンプはダイヤフラムポンプが使用された。油は海草混じりであるが、毎時１トン程度は可能で、17日から船体を改造してポンプ数セットを取り付けて本格的に稼働させた（時化と時期を逸したため大きな成果はなかったが)。ダイヤフラムポンプは陸側からも直接回収や移送のため数多く使用された（**図４、写真11**)。

写真11　陸岸から回収	図４台船による回収
	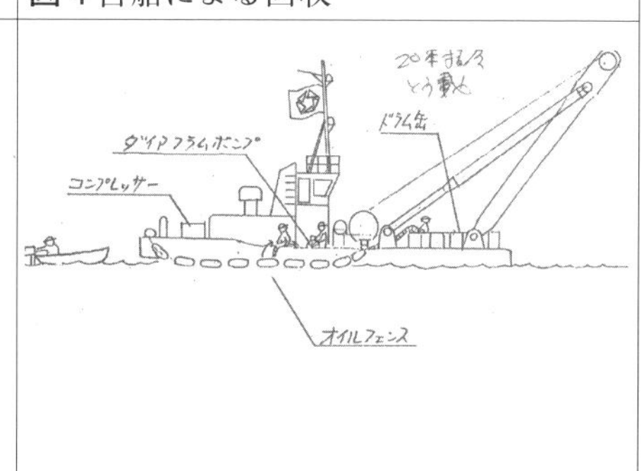

⑤　スキマー

ⅰ．石油連盟が保有している２種類の堰式（GTとデスミ）と回転円盤式（バイコマ）が石連の指導の下で使用された。これらスキマーの本格的な運転は、沖合は時化のため諦め、主に沿岸部で使用した。しかし、沿岸部は水深が浅く波が打ち寄せること、油が高粘度の固まりになっている等のため、フロートを取り外し、波打ち際に置きバケツ等でウェアに油を入れ、ファスタンク等へ送油する等の応用的な使用にとどまった。石連は資器材を貸し指導する立場であったが、他に使いこなせる人も少なく、長期間現場作業に携わることとなった。

ⅱ．１月13日、周到な準備の後、タグボート鳴門丸に堰式（デスミ）を搭載、作業船とともに金沢沖合でＪ字型に展張したオイルフェンスとの組み合わせにより回収を試みた。しかし、油塊は固く流動性がなくなっているため、スキマーの堰に流れ落ちるのは海水ばかりで、このタイプのスキマーでは無理であった[38)]。

ⅲ．　ロシアから油回収船「ネフチェダス５（2,372GT）」等スキマー（デスミ、ワロセップ等）を搭載した３隻の作業船が１月17日から能登半島で回収に当たった。日本側では支援のためのタンカーを用意したが、上述スキマーと同構造であったことなどにより成果は上がらなかった（時化の中で入港せずに苦労していた）。

ⅳ．　前述ITOPの手配により、シンガポールのＥＡＲＬからスキマー（ＲＯ－スキマー）が空輸され、航洋丸に14日から溶接工事の上取り付けられた。ＥＡＲＬからは作業クルー５人も一緒でタンカーの支援を得て１月17日、輪島沖で船団を組んで洋上回収を試みた。しかし、このシステムは大型オイルフェンスをＵ字型に展張し、その底部のポンプで集まった油を吸い取る構造であること、展張準備に２時間を要すること及び前述ⅱ同様の理由により全く成果を上げることはなかった。

図５　Ｐ氏が説明した作業
ＲＯ－スキマー概念図、
台船に航洋丸、曳船日本丸とタンカー（回収油を入れる）で船団を組んだ

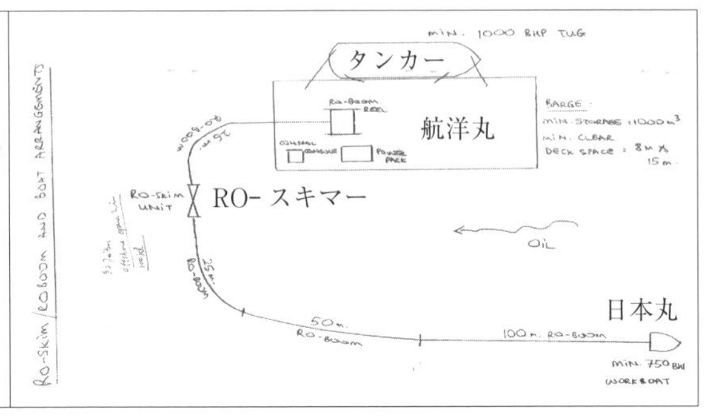

⑥　高粘度回収ネット（シースィーパー）

13日から小浜地区で漁船により、17日からは珠洲地区で作業船とガット船により高粘度回収ネットの作業が実施された。何れも地元漁連の要請を受け、センターが指導する中で行い、地元の新聞で紹介された。

図６　読売新聞記事
１月13日から小浜で使用、
珠洲市でも使用された

ネットで油"一網打尽"

効率的と好評

漁船2隻でかき集める

読売㉔ 1/23

⑦　タンカーの活用

黒ものタンカーにスキマーとオイルフェンスの組み合わせにより洋上回収を行うべくチームを編成し準備に入ったが、タンカーの構造（クレーンが装備されていない）及びタンカー側の同意が得られなかったため実施できなかった。同様の考えはＴ国会議員から海保経由で13日に寄せられていた（こ

れは平時に検討しておく価値があると思っている）

⑧　オイルフェンス（以下ＯＦと呼ぶ）

ＯＦは、センター機材部、地方自治体、漁業組合の所有する主にＢ型固形式と石油連盟が所有する大型の固形と充気式が集められ、Ｎ号船首部、各漁港、高浜原子力発電所取水口等の防御のため及び洋上回収のため活用された。これらを合わせると２万ｍを超えている（センターと石連提供分は資料があるが、他は殆ど見つからない）。

これらをどの様に使うか？現場担当責任者の判断で多くのサイトで次の様に使われたが、成果が上がったケースは少なかった。

・大型充気式はタグボートに載せてＵ字型集油を数回行ったが、何れもロープがスクリューに絡んで破損、成果はなかった。この種トラブルは訓練でも頻発していた
・前述の寿号と白山丸によるＵ字型集油は、Ｂ型固形式を使ったが、スカートが浮上するため成果が上がらない、ボトムテンションタイプでなければ集油は無理であった
・福井県小浜の小川漁港では１月12日町の保有するＢ型1,400ｍを一月間展張して、集油・回収と養殖場の保護を行った。成功例として特筆される事例（87頁、**図２-40**、油濁基金だより83号に詳細紹介）
・高浜原子力発電所取水口に寄った油塊はＯＦによりブロックされ回収された
・時化の中展張していたＯＦの多くが海岸に打ち上げられ破損、これらは再生されることなく海岸から撤去、集積、船で処理場に運ばれ焼却処分された

これらの経験から、ＯＦの改良、選択そして平時訓練の在り方等の教訓が数多残された。

（２）　沿岸回収

沿岸回収は油の漂着に合わせ、１月７日福井県三国、８日から石川県加賀市で始まった。

その頃はまだ、沖合の広範な海域に大量の油塊群が漂い、ガット船１隻と多数の漁船により13日まで回収が続いたが、回収できたのは約２千トンで、約２万２千トンが取り残されていたと思われる（後日、沿岸回収量等からの推計値）。これら未回収の油群の多くは、１月14日からの時化で動き、能登半島、小浜等の沿岸を襲った。これをどの様に迎えるのか、我々の試練でもあった[※7]。

①　強力吸引車

強力吸引車は、揚程が10～20ｍ、水平距離100ｍ以上でも、空気流と真空

圧により効率よく機能し沿岸回収の主戦力として、延べ800台程が活用された。

強力吸引車は、資料３で紹介した泰光丸でのバキューム車活用の失敗以来検討していたが、６日朝メーカー兼松エンジニアリングのＴ氏に相談、実現したもので、日本で初の強力吸引車の出陣となった※8。この車は、平時には側溝等の吸引清掃等を行っていて、運転者はこの種業務に習熟した技術者であった。海岸の漂着油を直接、又はドラム缶、ファスタンクに蓄えられた油をホースラインで車のタンク（５～10kl）に吸引、静置の後排水して、ピットに運んだ。更にコンクリートポンプ車と直列に連結して危険個所、荒天時の回収という応用も行った。そして、後期にはピットの油の移送、船首部残油抜き取り（仮設道路から）等にも使われた。この車は、この現場で不可欠の存在となったが、その選択に当たっては、信用のおける業者※9であることも不可欠であった。車の性能は、風量（30～80m^3／分）とレシーバ容量（３～10kl）で区分され、その能力と業者の信に合わせ淘汰、増強を行った。１月10日頃まで我々は「大型バキューム車」と呼んでいたが、メーカーから訂正を求められ、以後の日報から強力吸引車と呼称している（海上防災100号に詳細紹介）。**写真12**は、漂着した船首部前面の安島の海岸での回収状況、１月13日に仮設道路を突貫工事で作って、直近で強力吸引車による回収が出来るようにした。この仮設道路は船首部の残油を抜き取る時活用する読みもあった。

写真12　強力吸引車

１月10日三国町安島　　　13日仮設道路から直接回収、船首部からの回収に備えた

ファスタンク

※７　この頃、前述Ｊ氏は「賢い人間は、洋上で油は回収せずに、漂着してから回収するものだ」と海保の会合で発言、海保は強く反論している。この話は対策本部にも伝えられ、Ｐ氏がガット船を拒絶した事と一連性があ

ると思った
※8　海外では、1991年ペルシャ湾（海上防災171号で紹介）で使われ、国内ではナホトカの後、C重油の流出油対応では頻繁に活用されている
※9　様々なトラブルを起こす業者もあり、事前の説明と信用の見極めは重要な鍵であった。

② コンクリートポンプ車（以後ポンプ車と呼ぶ）

ポンプ車でスクイズポンプの車種は、ポンプを逆転させると真空吸引により、夜間、荒天、危険な場所でも遠隔操作により連続回収ができた。この車は強力吸引車との組み合わせ等により様々な応用的な活用がなされ、成果を収めた。このポンプ車の活用については、本事故の前年から五洋建設（株）技師と検討していたため、早期の導入ができた。

写真13、14　1月　三国でポンプ車による回収　左　1月10日、右1月20日

図7　強力吸引車とポンプ車との組み合わせ

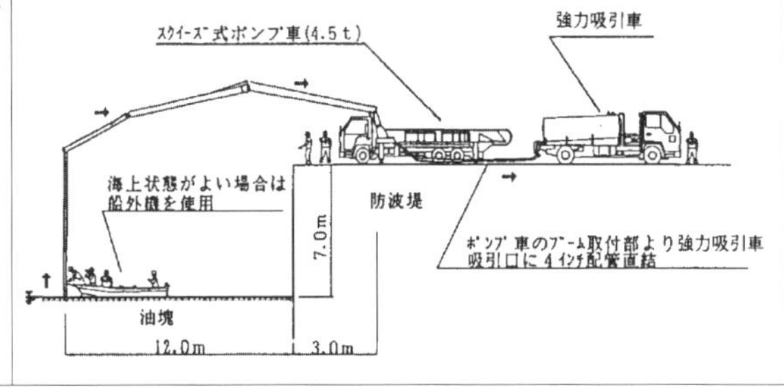

③ 大型混気ジェットポンプ（望月式ポンプ）

珠洲市の海岸では、大型混気ジェットポンプが油の回収に成果を上げた。海岸に寄せる油をホースラインで吸引して、陸域に掘って作られたピットに入れた。このポンプは、下水処理場の沈殿砂の回収等特殊な用途に使われて

いて、金沢の業者が石川県知事の要請を受けて珠洲の現場に導入した。（104頁、**図3-28**参照）

④　マンパワー

ボランティア、自衛隊員、市民などにより手作業による油の回収が大々的に行われた（詳細は「海と安全」513号等数多の文献があり、本稿では触れない）。

写真15　珠洲の海岸	**写真16**　老若男女　輪島で土嚢手渡し

（3）　貯油について

①　ピット

回収した油を入れる大きな容器をピットと呼び、地中に掘った穴、テント地や鉄板でプール状のものが三国、金沢、珠洲、敦賀で緊急に造られた。洋上と海岸で回収した油は、出来るだけピットに集積した。ピットは、初期段階で緊急に大量の回収を行う上で不可欠であった（海上防災171号ペルシャ湾原油流出参照）。

ｉ．福井港

N号前面海浜に漂着する風化油の総量は、当初最大5,000klと予測し、近くにその半分程の容量のピット建設を、1月7日夜から福井県など関係先にお願いした。

その結果として、設置場所は福井港と決まり、県手配の業者により、突貫工事により寸法35×25×3メートル（2,600m^3）のピットが港の砂地に穴と盛り土により1月9日朝、一夜で完成し、沿岸回収のシステムができた。ピットの底と側面にはブルーシートを二重に張りガムテープで止め土中への油分の漏出を防いだ。

このピットは後から第1ピットと呼ばれ4日間でほぼ一杯になり、急遽近くに300m³の穴を掘り、予備ピットとして急場をしのいだが、このピットも翌日には一杯になった。

第２ピットは、第１ピットの近くに鉄板を箱形に溶接して作った容量600m³のタンクで、17日に完成した。ゴミと海水を除去するためタンクを中央で二つに仕切った。底部に溜まった海水は、港内のオイルフェンスで囲った中に戻したが、程なく一杯になった。このため、船首部からの大量流出と１号業務の回収油を考慮して更に第３のピット（約2,600m³）を近くに造った。

結果としてこれは使わずに済んだ。これら第１、予備、第２のピットに投入された油は約3,000klであった（１号業務で回収した油は、別途タンカーに集積し、広島の処理場に搬出された）。

写真17　第１ピット福井港１月11日
福井港に４つのピットが作られ、内３つに合計3,000klの油が投入された。
後の検量時、底部に海水はなく、高粘度油だけが残っていた。

写真18　第２ピット
鋼製、油水分離のため二つのタンクに分けた　１月17日完成

三国で回収された油、ピットには１月15日まで入れられた、船首部からは２月15日までの回収量

		ピットの油		ドラム缶等		備考
		投入	計			
1	7					船首部座礁　2800kl
	8					午後から平穏　回収始まる
	9	350			第1ピット	平穏、強力吸引車13台
	10	450			第1ピット	平穏
	11	690			第1ピット	平穏
	12	155	1645		第1ピット	平穏
	13	130	1900		第1ピット	平穏
	14	500	2275		満杯に	内臨時ピットに200投入
	15	300	2575	500		第2ピットに　海岸ドラム缶内油
		以上8日間、海岸で3,000kl				含水率70%
2	15	船内から3,180kl				海上・仮設道路から含水率40%

ⅱ．敦賀港

敦賀港の岸壁上に２つのピットが作られた。これらは、鉄パイプの組み立て式円筒形で、容量は各々250m^3、内張にキャンバスが使われている。敦賀湾周辺の洋上回収の進捗に合わせ急遽設けたもので、１月17日、ガット船第38勝丸が洋上回収した150トンの油がピットの一つに投入された。しかし、その夜の嵐により、空のピットは破壊してしまった。このピットには、その後漁船の回収した油も投入され、後日強力吸引車等により油を抜き取り愛知県の処理場へ搬出した。

写真19　敦賀港のピット２つ、右は破壊され、左は油が入っていたため無事

ⅲ．金沢港

１月15日、回収船清龍丸が回収する油の受け入れを目的としたピットが金沢港に完成した。しかし、ここに集められた油は、漁船等が沖合で回収

したもので、合計251トンが投入された。これらの油は、各漁港から強力吸引車により運び込まれたものであった。

写真20　金沢港のピット
20×16×2m（約640m^3）
この岸壁には清龍丸用の係留施設も作られたが、着桟してピットに油を入れることはなかった　1月15日

iv．珠洲市

1月中旬から、珠洲市では3地区に11のピットが市の指導で作られた。飯田港に2，真浦に3，長橋に6カ所で、容量は合計4,450m^{3}になり、26日の検量では1,550m^{3}の油が入っていた。これらは、海岸で人海作戦により土嚢袋に回収された油、混気ジェットポンプ、強力吸引車等で回収された油であった。真浦と長橋のピットは水田に穴を掘り、シートを張っただけのものであったため、撤収時には油混じりの大量の表層土を削り取り、長野と秋田県処理場までトラック輸送して処分しなければならなかった。

写真21　珠洲市長橋地区

② ドラム缶

回収油量が膨大になる見込みであったため、ドラム缶は海岸の回収現場に据え置き、缶内に貯められた油は、定期的に強力吸引車で吸引する等によりドラム缶の数の増加を抑えた（ピットに油を集める事を優先させた）。集積場でドラム缶の蓋は、クローズドタイプについては、ブルーシートで保管時に蓋をして針金で固定した。ドラム缶は、回収油を入れる容器として最もポ

ピュラーで、入手簡単、丈夫、運搬性、同一寸法等の特徴がある。天板が取り外し式蓋（オープンドラム）と、切り開く（クローズドドラム）タイプがあり、何れも容量200リットルのものが使われた（106頁、**図３-30**参照）。

③　土嚢袋

材質にポリプロピレン等を使ったひも付き袋で、20ℓ用と1,000ℓ用がある。20ℓ用は、主に不便な海岸で自衛隊員等による油の回収作業で活用され、1,000ℓ用は、防水用ライナーが内側にあってフレコンと呼ばれ、主にピットの油や使用後の油吸着材、オイルフェンス等大型のゴミ入れに使われた。油の場合60%程に留め、口をロープで堅く締めた。

④　ファスタンク（**写真12**）

石油連盟提供のファスタンクは、全部で47個が使われ大変重宝された。

その理由は、軽く組み立て簡単、容量が９キロリットルとドラム缶45本分もあることにあった。ファスタンクは沿岸部に設置し、人力やポンプで回収した油が入れられた。

これらの油は順次強力吸引車で抜き取り、ピットに運ばれた。

７．航空情報

（１）　１月３日から８日までは荒天のため、航空機からは漂流油の正確な状況把握が殆どできなかった。状況が判ったのは、１月９日朝、海上が平穏になってからであった。波浪が或る程度以上になると油の視認、識別が困難であった。

（２）　洋上回収が成果を上げるためには、船舶による探査だけでは無理で、航空機から眼下の回収船への直接的な情報提供が必要であった。しかし、この航空機情報の提供は何時も３時間程後であったため、回収作業には生かすことができなかった。一体何のため飛行機を飛ばしているのか、現場との認識に大きなズレがあった。

８．搬出

福井、敦賀、金沢、飯田、舞鶴、直江津の各港に集積された油は、被災した県側から早く搬出する事が強く求められた。厚生省も県外産廃の受け入れは、どの自治体も柔軟に受け入れて欲しいとの意見を表明し、センターはその間に在って被災地の負担軽減のため、全国の処理業者に働きかけを行った。業者との交渉は費用、信用、所在県の許可を巡り簡単ではなかった。

（１）海上輸送

船舶による海上輸送は、量が数万トンもあること、広島県などの遠方への輸送である事、コストを考慮して1月20日から3月末までの間実施された。船種はガット船（主にピットからの油）、貨物船（ドラム缶、フレコン等）延べ45隻が使われた。しかし、冬季、日本海は大嵐の日が多く、しばしば船は出港できず中断した。更に、受け入れについて自治体から厳しい条件が付けられたため、長期間港に漂泊せざるを得ない船舶もあった（**図8**）。

① ピットの油

三国、珠洲市飯田地区のピットの油は、1月下旬から全て船舶（ガット船）により搬出された。その方法は、ピットからスキマーのポンプ、強力吸引車により船倉に直接送り込む、又はフレコンに油を60%程入れて口を縛って集積し船積みされた。

敦賀のピット油は強力吸引車で愛知県の処理場に搬出された。

② ドラム缶

三国と珠洲以外の海岸では、回収された油はドラム缶に入れられる事が多かった。これらドラム缶は近くの港にトラック等で集積され貨物船等に積み込まれ、船倉に3～4段積され段境にはベニア板（コンパネ）が敷かれた。搭載本数は、499Gtクラスの貨物船で2,500～3,000本であった。

処理施設によっては、ドラム缶の受け入れができないところもあった。

③ フレコン

ピット油や油の付着したオイルフェンス等はフレコンに入れられ、グラブ船に2～3段に積まれて搬出された。段境にはベニア板（コンパネ）が敷かれている。フレコンは6分目位までが限度で、8分目程入ると漏れてしまうことがあった。

写真22 フレコンの荷下ろし（萩港）

写真23 ドラム缶の積み込み（福井港）

図 8　2月27日夕刊　読売

読売新聞（2/27 夕）

回収重油 保管困った

貨物船 荷揚げできず2週間

北九州 処理追いつかず

ナホトカ号事故

ロシアのタンカー「ナホトカ号」重油流出事故で、回収された重油は廃棄物処理業者の元で処理されているが、余りにも大量のため処理が追いつかない状態が続いている。新たな問題になっているのが一時保管する場所で、自治体によっては廃棄物処理法上などから荷揚げを拒否するところも。山口県下関市の下関港には、重油を積載して行き先のない貨物船が約二週間も停泊したままになっている。

回収重油の処理手配は、海上保安庁の外郭団体・海上災害防止センター（東京）が船主の委託で行っている。主な処理工場は、北九州市門司区、広島県[illegible]町、兵庫県姫路市の三か所。いずれも民間の業者で、一部は[illegible]に出されている。

回収重油が入った大量のドラム缶などが、これらの工場に運び込まれており、処理待ちの缶などの保管が問題になってきた。

[illegible]廃棄物の搬入には都道府県、政令市の[illegible]が必要。北九州市の場合は、約四千㌧（ドラム缶約二万本）の搬入を認めてきたが、「（門司区の）処理工場の保管能力に限界がある」（廃棄物指導課）と指摘。これ以上の持ち込みは[illegible]野積み状態で保管することになり、消防法上問題な[illegible]の飛散や流出の恐れがあり、廃棄物処理法上で問題[illegible]への保管も考えられるが、重油のにおいがしみつく恐れがあり、倉庫を確保しにくい――などから、荷揚げを認めない[illegible]。

東京・日本サルベージ所属の貨物船「第弐拾天神丸」（四四四㌧）は、今月十五日、重油約三百二十㌧を搭載し北九州市の新門司港に入港しようとしたが、荷揚げが出来ずに、対岸の下関港に移動し停泊したまま。

一方、広島県[illegible]町に本社を持つ廃棄物処理業者は[illegible]の敷地内に重油が[illegible]

荷揚げができず、約2週間も停泊したままの第弐拾天神丸（下関市の下関港で、午前9時50分）

（2）　陸上輸送

①　トラックなど

ドラム缶の輸送には、6トン車と10トンユニック車、トレーラーが主に使用された。

敦賀と金沢に作られたピットの油は、強力吸引車等により飯田港のガット船へ、後期には近くの処理場にも搬出された。

また、珠洲市に作られたピットは、田んぼを掘って作ったため、大量の油泥が発生し、これらはダンプカーにより長野や秋田の処理場へ搬出された。

②　ＪＲ貨物

ＪＲ貨物は回収油の輸送に当り、特別料金割引を行うことを表明した。これを受け、現地のドラム缶をコンテナに積み処理場へ輸送することとなり、2月中旬ＪＲ貨物本社と交渉したが、支払いの明示が不十分として契約できなかった。しかし、3月になってＪＲ貨物と折り合いがつき、内陸部処理場への輸送が開始した。一コンテナにつき21本のドラム缶が搭載され、数十コンテナ単位で専用列車が運行された。

9．処理

（1） 法律

① 廃棄物の処理及び清掃に関する法律

1月23日厚生省生活衛生局水道環境部は、回収された油の扱いについて、船主が運送活動に伴い排出した産業廃棄物として扱う事「廃棄物の処理及び清掃に関する法律」に基づき適正に処理することを内容とする事務連絡を関係の府県、政令都市の廃棄物担当部局に指示した。これを受け、各現場で回収された油は受け入れの県に「持ち込み」等の許可申請を行い、搬出と搬入の許可を有している業者により処理場への搬出を行うこととなった。受け入れの自治体には、他県からの持込に拒絶反応を示すもの、厳しい条件を付すもの等様々な対応が見られた。更にI県から近接する隣りの県の港へのドラム缶の搬入についても、激しい拒絶にあった。

② 関税法

市町村等は沿岸部で回収した重油の数量、保管場所を税関に通知すること、船首部から回収する重油は、外国船の難破貨物であること、廃棄処分の際は、運送と廃棄手続きについて、外国貨物として税関手続きが必要であった。

（2） 処理方法

① 焼却

処理施設の設備と構造により荷姿によっては受け入れの出来るものと出来ないものがあった。油自体、含水率が高く燃焼しにくく、ゴミも混じっているためダイオキシンや大量のクリンカーを生じる問題があって、燃焼温度などに細心の注意が必要であった。ドラム缶、フレコンの中には油だけでなく油で汚れたロープ、網、ペール缶、オイルフェンス、木材、土砂等様々な油以外のものが入れ込まれていた。この傾向は作業の後半になる程顕著になった。

処理場の火炉によっては、ロープや網が途中で金具等に引っかかり施設を破壊、運転停止を何度か繰り返し故障するもの、砂が溶融して流れ出す等のトラブルがあった。このような施設からは、回収作業の際「仕分け回収」を望む切実な声があがっていた。また、オイルフェンスに錘として使われている鉛は、焼却すると大変な問題になるため、この取り外しに努めたが、一部フレコンに入ったものがそのまま焼却された。

② 管理型埋め立て

石川県加賀市の砂浜に大量の油が漂着した。これらの油の回収が重機等で行われたため、油と砂が混じり合ってしまった。このため、後日ボランティアによる篩を使った油の分別回収が行われた。篩で分けられた油混じりの砂の多くは、地元の管理型埋め立て地に運ばれ埋め立てられた。

（3） 保管

一般的に、焼却施設の処理能力は一日にドラム缶で20～100本位と限界があるが、この能力に合わせて搬入する事は、輸送形態、コスト面から難しく、船単位の量で運び込まざるを得ない。その場合、港又は焼却施設内に仮置き保管の必要が生じる。地方自治体によっては、「必ず屋根付きの倉庫に保管する事を条件に許可する」としたため、船舶による輸送を中止せざるを得ない状況が２月下旬から５月まで続いた。

10. N 号船首部からの回収（１号業務）

三国町の岩礁地帯に座礁した船首部には、１月３日当時2,800KL の重油が残っていると推定された。その後の漂流、座礁に伴い一部は流出しても、未だ油は大量に残り、抜き取る必要があった。しかし、時化が多い時季であり、大変な困難と時間がかかる事が見込まれた。このような中、保険会社では独自に調査し、国際入札による油抜き取りを計画した。この動きに国は、手ぬるいとして強制権を以て急遽対応を決め、１月14日海上災害防止センターに１号業務として残油抜き取りの指示を出した。その方法には荒天下でも油の抜き取りが出来る仮設道路建設も含まれていた（指示書には仮設道路については触れられていない）。

（1） 海上・作業船から

作業船により、海上模様が可能な時に N 号の底板に開口し、ここから残油をポンプで吸引しタンカーに回収した。この作業は二つのサルベージ会社の連合体（JV）により実施され、１月16,17日、２月６日、２月8,9日、２月14～16日の４回、延べ８日間にわたり、海水混じりで2,800kl 程の回収が行われた。途中の２月10日（28日目）運輸大臣はほぼ抜き取りは目途がついたと記者会見している。

（2） 仮設道路から

１月９日頃或る業者から、「N 号船首部までの間130ﾒｰﾄﾙ間に仮設道路を設置して油を抜き取る案（工期１週間／1.5億円で出来る）が対策本部に提示された。しかし、よく調べるとそんな簡単な事ではなく、工期も長く費用も莫大であることが分かり、この話は没になっていた。しかし、12日突如として政府からこれを実施する話が噴出した。

14日、海保長官からの正式の発令の中で、海岸から N 号船首部までの間に、仮設道路の建設が口頭で指示された。受令により、15日から現場作業が開始されたが、前述（１）による作業が早期に完了した場合は、その時点で仮設道路建設は終了という条件であった。

仮設道路の建設は24時間体制で行われ、全国から石・テトラポット等が運ばれ、進められたが、時化の度にこれらは波にさらわれ、完成には１月15日から２月23日までの41日間を要した。

投入された大小の石とテトラポット等は58,000トンであった。

この仮設道路建設は、埋め立て浚渫協会７社の連合体（JV）により実施され、２月25日、この道路からクレーンを介して残油の回収は、前述（１）のサルベージ会社が担当し、約381kl を抜き取り全てが完了した。

しかし、その後この仮設道路の撤去は大変難航し、10月に95％の捨て石を回収して現場作業を終え、地元との交渉に当たった。作業終了の同意を得たのは翌年３月であった。

写真24　２月24日仮設道路から船首部残油抜き取り

写真25　１月23日時化で作業中止、道路は90m進出したが、先端波で崩落、船首部も移動状態

写真26　２月８日23時頃 作業船による抜き取り作業	

11. 全体の検討

（1）　現地の体制

流出油への取組は（船首部残油抜き取りを除く）、

・船主　（センター等船主側の対応、三国、金沢、舞鶴に現地対策本部）
・海保　　（関係各保安本部、保安部、三国）
・運輸省　（主に清瀧丸の運用・三国、金沢など）
・地方自治体　（関係府県、市町）

が各々対策本部を作って対応した。センターは１月７日、船主と２号業務の委託契約を結び、船主の対策本部に詰めて前述の初期対応に当たった。

この対策本部に船主（保険会社）は、サーベィヤを代理人として派遣、センター２号業務を配下※4におくとともに、更に独自に業者を選定し回収作業等を実施した。

地方自治体独自の油回収作業も費用負担を明確にするため、サーベィヤに同意を求める場面も多かった。サーベィヤは、センターの防除方法に基本的に「任せる」姿勢を示し、金額の嵩む案件には事前に説明を求めた。しかし、サーベィヤには契約上センターを指揮する責任があり、また、日本の事情の解らないITOPFの専門家の言動には、当時多くの人が振り回された。本来※4の様な文言が必要なのか、当時も異意見があったが、日本としてしっかりと検討する余地がある。

（2）　現場手順

初期の緊急時に為さなければならない事は沢山あるが、大体次の順序で対応した。

①　防除資機材の選別と手配

対象は風化油・約1万トン、洋上、海岸で成果を上げうるハードとソフトを選別手配

② 実際の作業、資機材評価と強化又は淘汰

性能悪い資機材は運用の変更又は淘汰、良いものは増強を図る（強力吸引車、スキマー等）

③ 油の位置情報

航空機からの情報にあわせ海域を4つに分け回収船を配置した。結果として回収船への連絡系が確立できなかったし遅かった。

④ 仮置き場の確保と搬入、集積、管理

回収油の仮置き場は、自治体により現場付近の広場と港の搬出場所近くに設けられた。

ピットについては管理人をおいて、現状、車両、人の出入り等を把握した。

⑤ 産業廃棄物処理場の確保と仮置き場からの搬出

回収量は2月初めで4万トン程あり、全国的に見ても産業廃棄物処理場の確保が困難になった。処理場で受け入れを示しても、受け入れ県の拒絶（被災の県は「一刻も早く他へ搬出せよ」の姿勢）、また業者によっては信用面等で問題の者もあり契約を断ったところもあった。更に、処理施設によって固有の特徴があり、ピットの油、ドラム缶はだめ、保管施設を新たに造る等様々であった。搬出方法は、確保できた処理場が遠方のためコストの面から船舶を主とし、次いで大型トレーラーを活用した。

⑥ 処理場での適正処理の確認

処理場の状況を確認する必要があった。営業マンから受けた説明との整合性と適正に処理されている事を確認するため3月、長野から大分までの10数カ所の処理場を訪問し、内1カ所については、不審点が多く直ちに契約を打ち切った。

（3） 資機材

① 法定資機材

ⅰ．本来「戦の主力」となるはずの回収船、ＯＦ、油処理剤等法定資器材は、Ｎ号の様な場面では戦力にならない。ＯＦについては、トップテンションタイプでは性能が悪くボトムタイプに替えるべきとの主張が「海上防災10号」でもされているが、改良されないままになっている。回収船も数はあっても海水を捨てず、タンク内は殆ど海水のままでストップしているのでは、これでは幾ら船を作っても役に立つわけがない（海水を捨てるべきかの伺い文書の回答書[40]にも問題がある）。

ⅱ．法定で各会社等が備え付けている資機材は、現行法制度の下ではその会社以外の事故での活用が難しく、Ｎ号では「超法規的な措置」がとられ全

国からオイルフェンスなどの資機材が集められた。

② 資機材の数量

オイルフェンス、回収装置、油処理剤、油吸着材等の資機材の民間保有は、石油連盟、石油備蓄基地、海上災害防止センター機材部等により全国的に行われ、更に、国、地方自治体の整備も進み、日本での備え付け量は十分ある。全国的に高速道路が整備されたことで、日頃防災責任者が「緊急時計画」等に接していれば、必要な資機材の補填は数時間から10数時間程度で可能となっている。このため、国内の何処であっても、資機材が不足する事は殆どない。N号の場合、全国の備蓄基地からコンテナやバラ積みトラックにより短時間で三国等の現地に搬入された。 例えば、石油連盟水島基地の資機材派遣は当時1月5日午後の要請を受け、翌日昼には現地（舞鶴）に到着している。

③ 法定外資機材

ⅰ. 石油連盟は全国の6基地から、大型固形式オイルフェンス8,640m、大型充気式オイルフェンス4,700m、回収装置26基、仮設タンク104基を搬出し、これらは様々な現場で使用された。

ⅱ. ガット船、強力吸引車等の汎用機械は、国内に何れも千単位で普及し、取り扱いに精通した技師も多い。N号ではカット船6隻、強力吸引車約800台、混気ジェットポンプ数セット等が使用され各々成果をあげた。

ⅲ. 高粘度回収ネット、スネアー、むしろ等が使われ評価の高いものもあった。**写真27**は珠洲市長橋漁港に入り込んだ油塊群で、この集油をＯＦで予定したが、急きょスネアーで実施した。このスネアーは、効果、作業性で高い評価を得てその後普及している。ここでは、回収手段として強力吸引車を予定したが、何故か地元の拒絶に会い、結局地元市民の手作業で行われた。この現場は以後、手法、資器材、地元民の心理を考える上で宝庫となった。

写真27
1月17日
珠洲市長橋漁港の状況

写真28 18日の作業 スネアーで集油 左奥に予定したＯＦが見える	

（4） 油処理剤

流出油事故では、油処理剤が優先的に使用される事が多く、N号でも初期に使用された。しかし、過去の経験と船首部付近で採取したサンプル油の乳化テスト（既述）の結論として、２号業務として使用しない事を初期に決定し関係者に周知したが、１月末までに160KLが航空機等から散布されている。 風化した油に対する油処理剤の使用は、運輸省通達も禁じ、メーカーの技師も否定的であるが、実際には使われてきた。その裏付けとなる科学的調査研究の余地は残ったままである。

（5） 砂浜への漂着

石川県加賀市の塩屋地区から片野までの約3.8kmの海岸は、植生豊かな砂浜となっている（昭和天皇が高い関心を示されていた海岸）。1月8日夜、ここに大量の油（２百トン位と個人的に推定）が漂着した。9日朝、地元では、バックホー等の重機数十台により油のかき集め（**写真４**）とボランティアによる回収が行われた。これらの油は、砂浜に穴を掘って埋める、又は山積みされたが、その後重機により幾度となく移動され、かき混ぜられたため数千トンの油砂になった。このため、後日数万人のボランティアの手作業により別途油分の分離、回収が行われた。回収された油混じりの砂は、油分５％を基準として[※10]濃いものはドラム缶2,700本に入れ福井港にトラックで搬出し、５％より薄い砂は管理型埋立て地で処理された。この砂浜は、イソスミレ、ハマボウフウ等多種の海浜植物が自生していたが、漂着油と重機などの走行により、多くが死滅した結果、海浜線が浸食されて後退[※11]、今尚その影響が残っている。今後、このような砂浜等に漂着した大量の油回収手法等について検討しておく必要がある（**写真34**）。

写真29 加賀市塩屋浜　3月 埋められた油を掘り起し、油の濃いものはドラム缶に、薄いものは山積に 油砂山約5,000m³	
写真30 ボランティアにより油の掘り起こし	

写真31　加賀市塩屋浜、ドラム缶2,700本、トラックで福井港集積場に

※10　油分を含む泥状物質の取り扱いについて〔環水企181・環産17通知(S51.11.18)〕

1. 油分がおおむね5％以上の場合、あらかじめ、焼却施設を用いて焼却し埋め立てる。
2. 油分がおおむね5％以下の場合、（1）覆土を十分行う等、悪臭防止対策に努める。（2）汚泥の性状、及び埋立地の構造からみて、油分を含む浸出液により環境が汚染される恐れのある場合においては、あらかじめ焼却等の処理を行う事。

※11　海浜浸食については、金沢星稜女子短期大学 沢野先生（故人）が継続的に調査し、論文発表している。最近の状況につては、加賀市生活安全課で把握している。

写真32　１月10日 加賀市塩屋浜 バケツリレーで陸側に掘った穴に直接投入	

写真33　１月下旬加賀市塩屋浜 穴（５m×30m位）に集められた油	写真34 海浜の浸食　３月中旬

（６）港内、岩場等への漂着油

①　港内

福井港等の地方港湾や各地の漁港内に相当の油が入り込んだ。これらの油は、港内が平穏である事から、直ちにオイルフェンス、吸着フェンス等により集められ人力や強力吸引車により回収された。

②　岩場

ⅰ．自衛隊、ボランティア、業者により人力（柄杓等）とポンプにより油は土嚢袋に回収され、簡易モノレール、ヘリコプター、人のリレー等により搬出した。

ⅱ．強力吸引車、コンクリートポンプ車等によりホースラインを延ばして回収。

③　テトラポット

テトラポット内に入った油については、ポンプで吸引する方法が一般的に取られた。

観光地ではテトラポットを海岸から全て撤去して油を回収、テトラポット表面付着油を洗浄して復旧する方法がとられた。

（７） 回収油の処理

洋上と海岸で回収された油及び油汚物で産業廃棄物処理場へ搬出された総量は、59,000トンに及んだ。流出量については、海難時に重油6,240kl が流出したとされているが、船首部等からの流出がその後もつづいていたことを考慮すると、8,000kl 程度と推測されこの数値との対比でも、７倍以上の量が回収処理された事になる。これらの油は、荒天下で漂流中に風化し、容積も３倍程に膨張している。更に海岸に漂着すると、海草、土砂、ゴミ類も混じり、油汚物として回収の対象は更に増える。その他にも油の付着した木材、オイルフェンス等もあって、結果として流出量の６倍以上の数値になった。漂着して油以外の物が増えると、全体の廃棄物も増え、その取り扱い、保管、輸送、焼却等の作業、経費の増加だけでなく、国の廃棄物処理能力の限界を超え、二次的な様々な問題が発生する。このため、洋上回収等初期活動の成果を挙げることは、廃棄物の減少にもつながっている。

（８） 作業の評価・終了

現場作業終了を判断する事は、簡単な事ではなかった。どの状態で、何時、誰が、どの様にしてという具体的な点で、難航する場面が多かった。油の漂着した海岸では、まず機械や人力による荒い回収が行われ、その後人による回収そして最終的方法として放水による洗い出し（洗い出した油はオイルフェンス内で回収）という手順の後に県などの対策本部で終息宣言を出したところもあるが、辺鄙な海岸では、自衛隊による荒い回収だけで終わったところもあった。この様な場面では、個人の決定や行政判断よりも科学的調査と評価が必要なはずであり、他にも様々な場面で、大学、海洋研究所のような科学の専門機関の関わりが必要と思われる場面があった。しかし、長く事故がない平時にそのような非常時の事を継続して考えている科学者、大学がどの程度あるのか、現場に来ていたにわか専門家の言動から心もとなく思ったのは、私だけだったろうか。

末尾に本事故処理の概要一覧図を添付する。

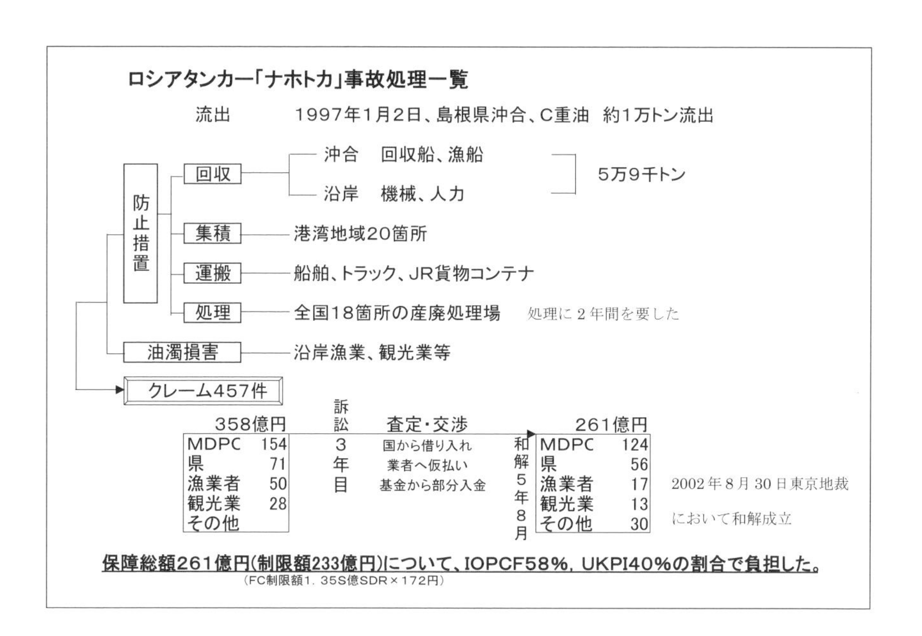
ロシアタンカー「ナホトカ」事故処理一覧
流出　1997年1月2日、島根県沖合、C重油　約1万トン流出
防止措置
回収
沖合　回収船、漁船
沿岸　機械、人力
5万9千トン
集積
港湾地域20箇所
運搬
船舶、トラック、JR貨物コンテナ
処理
全国18箇所の産廃処理場
処理に2年間を要した
油濁損害
沿岸漁業、観光業等
クレーム457件
358億円
MDPC 154
県 71
漁業者 50
観光業 28
その他
訴訟3年目
査定・交渉
国から借り入れ
業者へ仮払い
基金から部分入金
和解5年8月
261億円
MDPC 124
県 56
漁業者 17
観光業 13
その他 30
2002年8月30日東京地裁において和解成立
保障総額261億円(制限額233億円)について、IOPCF58%, UKPI40%の割合で負担した。
(FC制限額1. 35S億SDR×172円)

後記

1．我々の世代では困難に立ち向かうとき、しばしば「戦」という言葉が使われている。油濁対応も将に「戦」であった、この敵とどの様に戦うのか。素人や各県が単独で立ち向かう相手ではない。知見を備えた人と成果を上げる機械を、戦機を逸することなく投入することが不可欠である。N号では、初戦に予定のガット船投入が出来なかったツケは大きかった。N号対策本部には、経験のある人々が集まり、新しいアイデアで成果を上げたもの、紙一重の差で失敗した苦々しい事もあったが、仲間は冷静で積極的で限界に挑戦した。しかし、我々には違った姿勢の人たちも目に入った。「在安思危」平時の備えは大事である。

2．二業務は、契約と油賠法（条約）の制約（制限額）内で決着されるが、1月中旬頃この制限額を超える可能性が見え、費用上限を超えることと示談により不足金を生じることが予測された。しかし、業務の途中で「制限額になったからこれで2号業務を中止します」そんな事が公共性の面から許される訳もなく、この不足金を誰が負担するのか、2号業務はボランティアではなく、根本的な国の体制見直しが必要と思っている。油濁業務の基本は、専門性・公共性・透明性そして記録を残す事、それは簡単な事ではないが・・・と先輩が言っていた言葉を改めて思い出していた。

3．本稿で振り返った「ナホトカ」編は、全体像からすると一部分の記述である。初期対応で載せた私の1月18日までの日報は、毎日東京本部への報告と、翌日の作戦を練るために作っていたもので、ほぼ一年間書き続けた。しかし、日々全てを把握できていたわけでなく、後刻判明した事実も少なくなかった。

兵庫、京都、新潟の各県でも大変な事態となっていた。更に一号業務の経緯と詳細、国際油濁基金との折衝、悩ましき不足金等、そして原因究明のためのロシアを巻き込んでの調査等については、他に公開資料があり、又紙面の都合もあり今回はあまり触れずに、福井県と石川県で行った初期段階対応に的を絞っての本稿となっている。

参考文献・注釈

1）昭和34年の海上保安白書（海上保安レポート）に記載が始まって以来、平成30年までの60年間、白書に記載された油排出事故件数の合計値は32,796件になる。

2）昭和13年頃、日本が輸入する石油は400万 kl（米国から80%、オランダ領スマトラ等から20%）、昭和16年開戦当時の備蓄は770万 kl、昭和20年終戦時備蓄10万 kl（1991年出版 石油人たちの太平洋戦争、石井正紀、光人社より）

3）海と渚環境美化・油濁対策機構季刊誌油濁基金だより26号1987年７月「流出油防除について」の中に記述　神戸商船大学近藤五郎

4）1954年の油による海水の汚濁の防止に関する国際条約、主としてタンカーの通常運航および機関区域の油性ビルジから発生する海洋汚染を規制するもので、対象となる油は重質油であった。

5）昭和24年７月ＧＨＱ（連合国軍最高司令官総合指令部）が日本政府に製油所の操業を許可する旨覚書をだした。

6）この頃日章丸（1962年 132,334DWT）、東京丸（1965年 152,400DWT）、出光丸（1966年 209,413DWT）、日石丸（1971年 372,400DWT）等の大型タンカーが次々と就役し、中東から日本へ大量の原油輸送が始まった。年に９～10往復している。

7）第一宗像丸京浜運河で爆発（昭和37年）、新潟地震による昭和石油タンク火災（昭和39年）、タンカーヘイムバード火災（昭和40年・室蘭）など。

8）正式名は「船舶の油による海水の汚濁の防止に関する法律」。総トン数150トン以上のタンカー及び総トン数500トン以上のノンタンカーに対して、領海から50海里以内の海域で油の排出を規制する内容。昭和45年にこの法律は廃止され新たに「海洋汚染防止法」が制定、更に昭和51年に「海洋汚染及び海上災害の防止に関する法律」に改名されその後も、国際条約（MARPOL73/78）による法律改正を行い現在に至っている。

9）経済産業省の公開する「石油統計」に掲載されている。

10）昭和48年10月、第４次中東戦争が勃発しOPECが原油の供給制限と輸出価格の大幅な引き上げを行い国際原油価格が高騰し、世界経済は大きく混乱し日本経済は戦後初めてマイナス成長となった。更に、昭和54年のイラン革命や翌々年９月に勃発したイラン・イラク戦争の影響が重なり、国際原油価格は再び高騰した。前者が第１次、後者を第２次オイルショックと呼んでいる。

11）「1973年の船舶による汚染のための国際条約に関する1978年の議定書」1967年のタンカートリーキャニオン号の事故を受けて、1973年OILPOL条約を改正して従前の重質油から全ての油に規制対象を拡大したMAPOL条約が国際海事機関において採択された。更に、1976年米国で発生したタンカーアルゴ・マーチャント号の事故を契機にタンカーの規制強化を目的に条約が改正されて73/78条約が締結された。この改正に連動して日本の国内法も改正された。

12) 国際海事機関（International Maritime Organization：IMO）は、海上の安全、船舶からの海洋汚染防止等、海事分野の諸問題についての政府間の協力を推進するために1958年に設立された国連の専門機関で本部は英国（ロンドン）に所在し、1982年にIMCOからIMOに改称されている。2018年６月現在で174カ国が加盟国、香港等の３の地域が準加盟国となっている。日本は1958年（昭和33年）に加盟している。

13) Polluter Pays Principleの**訳語**。**PPの原則**、PPPともいう。環境問題についての国際的な指導原則として1972年２月**OECD**の環境委員会で作成、５月の**閣僚理事会**で採択、加盟国に勧告された。主な内容は、環境汚染の防止と処理について国の定めた基準を維持するのに必要な**費用**を汚染者が負担すること、汚染者費用負担の原則と言われている。

14) 通称CLC条約（Civil Liability Convention for Oil Pollution Damage）と呼ばれている。1967年３ 月タンカートリーキャニオン号の事故を契機に、油濁事故がもたらす巨大な損害賠償について、1957年条約（船主賠償責任制限条約）では、被害者側に十分な補償を得ることができず、別に新しい責任制限制度を導入する必要性が生じた。IMCO（現 IMO）で検討され、1969年のブラッセル国際法律会議において「油濁損害に対する民事責任に関する国際条約」が採択された。この条約で、油濁損害の船主責任が次の様に拡大された。（１）船主に無過失責任を負わせる。（２）責任制限額：条約トン数×2,000金フラン（1957年条約の２倍)。

15) 通称基金条約またはFC条約（International Fund Convention)、と呼ばれている。CLC条約は、船主に油濁損害の責任を課しているが、被害者は船主の責任制限により十分に救済を受けることができないために、国際的な基金制度を設けることが必要であるとの決議が、上記油濁民事責任条約採択時になされた。引き続きIMCOにより検討が進められた結果、1971年ブラッセルで開催された外交会議で、「油濁損害国際補償基金条約」が採択された。国際基金は、その財源を年間15万トン以上の油を受け取った者からの拠出金により形成され、油濁事故の被害者に対する補償と、実際に賠償を行った船主に対する補填を行う機能を持っている。出典：JOGMECの資料から15）16）引用

16) 平成13年北朝鮮貨物船チルソン号が日立港で座礁し重油が流出した事故（資料２-52）は、該船がＰＩ保険に未加入であったため船体撤去を含め社会問題となった。本事故を教訓として本邦に入港する船舶に保険の加入を義務付けた日本独自の油賠法改正が行われた。海上防災122号「放置座礁船対策の概要」国土交通省海事

局総務課武田一寧

17) 平成25年3月青森県深浦でカンボジアの貨物船AN FENG（1,996GT）が座礁、C重油60klが流出した（資料2-63)。同船はPI保険に入っていたが船側の義務違反等を口実に支払いを拒否、同船は放置されたため青森県で油の回収と船体撤去をせざるを得なかった。この保険会社はかねてから札付きでトラブルの多い要注意の会社であった。更に平成26年12月青森県鰺ヶ沢沖合でカンボジア貨物船MING GUANG（1,915GT）が沈没、燃料油が流出した。しかし、同船には有資格の船長と機関長が乗船しておらず、保険会社は「免責」に該当すると主張して損害の担保を拒否した。

18) 外国船舶は、安全面に係る多くの国際条約遵守が求められる。その責任は船舶の旗国にあるが、監督が不十分で船舶の安全性が損なわれている場合が少なくない。このような課題を解決するため、寄港国の検査官が外国船舶に直接立ち入って検査を行う制度（Port State Control）

19) エリカ（1999年）やプレスティージ（2002年）等の大規模タンカー油濁事故の発生を受け、92年基金条約による補償では不十分のため、2003年5月に追加基金議定書が採択され、1992年基金の限度額（約325億円）を超える損害について被害者へ追加的な補償を行う国際基金（追加基金）が設立した。

20) 大規模の順は、1. 湾岸戦争ペルシャ湾原油流出90万kl、2. メキシコ湾DH暴噴78万kl、3. 油田Ixtoc I暴噴64万kl、4. タンカーATLANTIC EXPRESS57万kl、5. 内陸油田MING BULAC暴噴28万kl、6. 油田NOWRUZ26万kl、7. タンカーABT SUMMER26万トン、8. タンカーCASTILLO DE BELLVER21万トン、9. タンカーAMOCO CADIZ17万トン、10. タンカーODYSSEY13万トン、11. イラン・イラク戦争12万トン

21) 1989年にアラスカ沖で発生したタンカー「エクソン・バルディーズ号」の座礁事故で、原油流出による大規模な環境汚染が発生したため、1992年よりIMOの取り決めで1993年7月以降の建造契約、または1996年以降完成の積載重量600トン以上の新造油槽船については船体全部が二重船殻（ダブルハル）構造とし、既に建造済みの一重船殻（シングルハル）タンカーの廃船を促すなど、事故発生時の環境負荷リスクの低い油槽船への切り替えが義務付けられた。

22) 回収油の処理技術対策等に関する調査報告書26頁　平成12年3月石油連盟

23) C重油（比重0.99）と海水（比重1.03）のエマルジョンで66%含水率の場合、その比重は1.026となる。河口付近の沿岸では海水の上に真水が表層を覆っている。平成5年の泰光丸の事故で、沈殿油等をサンプリングして海上保安大学校で検査した9検体の結果は、比重（15/4℃）1.010～1.079までのばらつきがあった。

24) 海上防災132号「衛星による流出油の監視」編集委員会

25）海防法第43条の五に基づき、全国沿岸部を16海域に分け、排出油等防除計画を作成している。この計画には事故想定、防除資機材の整備目標、関係者間の連絡と情報交換等が盛り込まれ、防除資材等の数量の整備目標は、排出油事故の発生に伴い、まず、早期に排出源の周囲をオイルフェンスで包囲し、次いで、すでに拡散した排出油が更に広範囲にわたって拡散するのを防止するために、これをオイルフェンスで包囲あるいは誘導して、排出油の80％を油回収船等機械的回収により回収し、残りの20％を油吸着材及び油処理剤により回収又は処理するというパターンで排出油の防除作業を実施するものとした場合に必要な数量としている。

26）昭51.11.18　環水企181号「油分を含むでい状物の取り扱い」による（P212、※10に詳細記述）。

27）水質汚濁防止法は、工場及び事業場から公共用水域に排出する鉱油の排出基準を５ppm 以下と定め、更に厳しい基準を条例で規制している市町村もある。

30）1966年当時、まだ経験不足の中で急遽検討されたため、トップテンションタイプ、接続部もジッパーのまま推奨され普及した。委員会は定期的な見直しを提案していたが、現場からのフィードバックによる改良、見直しは行われていない。

31）Steve Potter 2017「WORLD CATALOG OF OIL SPILL PRODUCTS 11EDITION」から引用。

32）義務付けは海防法第39条の３、OF の満たすべき条件は同施行規則第33条の３

33）日本船舶標準協会は2015年解散、現在日本船舶技術研究協会が業務を継承している。

34）海上防災10号　オイルフェンスの係留法　神戸商船大学　近藤五郎

35）一例としてＢ型の場合、浮体部内に浮体30φ×90×15本が内蔵されている。但しメーカーにより浮体の長さ・本数は異なる。発泡スチロールは油種により溶ける為ビニール袋に入れられているものもある。発泡スチロールの比重は0.01程度。

36）ESI（Environmental Sensitivity Index：環境脆弱性指標）マップは、海上保安庁海洋情報部にネットアクセスすると、必要な海域マップを入手できる。元々ＥＳＩマップは油濁対策用として作られた。

37）海上防災第８号参照「流出油防除資材の使用法に関する調査研究」その２　二重展張。

38）海上防災93号「ナホトカ号の防除作業に参加して」海上災害防止センター山口和孝。

40）運輸政策局の見解は、油回収船が排出する油の混じった海水は「海防法」による排出規制は受けない旨関係先に通知している。しかし、この文書の後半に但し書きがあり「油を含む海水は出来る限り排出されない・・・」の記述がある（運環第116号、平成５年７月16日）。

41）海防法施行規則に定められている回収船の性能等についての記述。
第33条の11　**法第39条の４第１項**の規定により特定タンカーの船舶所有者が配備し

なければならない油回収船又は油回収装置等（以下「油回収船等」という。）は、次の各号の規定に適合するものでなければならない。

一　油回収船にあっては、次の性能及び設備を有するものであること。

イ　特定油回収能力※が３kl であること（波高30cm、波長10m の状態にある海面において、厚さ６mm の**Ｂ重油**を収取する場合に、一時間に収取することができる特定油分の量をいう）。

ロ　推進機関を有すること。

ハ　特定油回収能力に応じ、適切な量の特定油分を貯蔵できること。

ニ　一時間に特定油回収能力以上の特定油分を移送できるポンプを有すること。

ホ　特定油が付着したごみ等をも回収できること。

二　油回収装置等にあっては、油回収装置が前号イに掲げる性能を有するものであり、かつ、油回収装置及び補助船が一体となって前号ロからホまでに掲げる性能及び設備を有すること。

42）海防法施行令に定められている油分濃度等

第１条の９　**法第４条第２項**に規定する船舶からのビルジその他の油の排出に係る同項の排出される油中の油分濃度、排出海域及び排出方法に関し政令で定める排出基準は、次のとおりとする。

一　希釈しない場合の油分濃度が**１万㎤当たり0.15㎤（15ppm）以下**であること。

二　別表第一の五に掲げる南極海域及び北極海域以外の海域において排出すること。

三　当該船舶の航行中に排出すること。

四　ビルジ等排出防止設備のうち国土交通省令で定める装置を作動させながら排出すること。　以下略

43）容器内（土倉）の液体は波などの振動によって揺動する。この揺動により、タンクが破壊され、液体が容器から溢れ出る事がある。

44）「油濁事故におけるガット船等の活用に関する調査」海上防災109号　海上災害事業者協会調査研究会

45）海上防災36号「油吸着材及び高粘度油回収装置の研究開発」大西成一

46）「コンクリートポンプ車を利用した油回収方法」五洋建設㈱　新宅嘉信

47）海洋汚染及び海上災害の防止に関する法律第39条の３及び施行規則第33条の３

48）海上防災第19号1985年「油吸着材の使用法に関する調査研究」

49）この表は、昭和43年７月18日、科学技術庁、消防庁、運輸省船技研、通産省工業試験所と一緒に、海上保安庁が巡視船、航空機を投入し八丈島沖合で原油100kl を投入して拡散実験を行い（A 重油の説もある）、その成果を「油膜厚さ・油の量・色

調／識別A～E)」としてまとめたものと言われている。しかし、現在その実験の原本は見当たらず、根拠が不明のままこの表だけが様々に引用されている。例えば事故直後に航空機から「……の範囲は油の色調がA等・・・」と報告されることが多い。色調Aの油膜厚さは0.002mmとなっているが、実際の事故現場付近では、数ｃｍの事もあり、C重油の場合は数十ｃｍの場合もあり様々で、単純にこの表の数値と面積を乗じて流出油量を算出する事は大きな誤差を伴う。

50）海防法施行規則第33条の三－２－二は、次の運輸省令43号及び動粘度については50ｍｍ・秒以下、乳化率は静置試験開始後、30秒で60％以上であり、かつ10分で20％以上であることを規定している。運輸省令第43号「油又は有害液体物質による海洋汚染の防止のために使用する薬剤の技術上の基準を定める省令　平成12年12月22日」には次の２条文が載っている。

第１条薬剤は、油処理剤及び油ゲル化剤とする。

第２条は油処理剤と油ゲル化剤の技術上の基準、引火点、対生物毒性等について。

51）スケレトネマ・コスタツムは、顕微鏡で見える藻類（植物）で日本の川などに生息している。ヒメダカは淡水魚でメダカの突然変異型の一つ。

52）cSt は粘度の単位で、数値が大きいほど高粘度になる。コンデンスミルク1,500cSt、はちみつ4,000～5,000cSt

53）イー・アーム・エム日本㈱（平成27年３月）「化学物質安全対策 諸外国における多環芳香族炭化水素規制に関する動向 調査報告書」（平成26年度経済産業省委託事業）、更に油濁情報第16号（2019.8）「油濁事故における海洋生物への影響とモニタリング—ナホトカ号事故の経験から」—三洋テクノマリン（株）高柳和史

54）「油処理剤の生物への影響」油濁情報 NO14 2018年８月、国立研究開発法人水産研究・教育機構　瀬戸内海区水産研究所 環境保全研究センター化学物質グループ　河野久美子

http：//www.umitonagisa.or.jp/pdf/yudakujyoho/14/No.14-1.pdf

55）海上防災第97号、1998年「国際油濁補償基金のクレーム処理について」前国際油濁補償基金事務局次長

56）OPRC 条約は、船舶の大規模な油流出事故に対する各国の準備、対応および協力体制を整備することを目的として、国際協力体制と個々の国における国内整備を図るため国際海事機関（IMO）が採択した国際条約。名称は1990年の油による汚染に係る準備、対応及び協力に関する国際条約、油濁事故対策協力条約とも言われている。条約の発効は平成７年（1995年)、日本は条約締約に先立って海洋汚染等及び海上災害の防止に関する法律を改正し、同年10月17日に加入している。条約の主な規定は、１）船舶等は事故発生時の対応等について規定した油汚染緊急時計画を作る。２）船長等は事故が発生した時沿岸国に迅速に通報する。３）各国は事故に対

応するため「**国家緊急時計画**」を構築するとともに、2国間又は多数国間の協定を締結する。4）各国は事故が発生した際被害国の要請に応じて協力して対処するとともに、研究開発、技術援助等の国際協力を促進する。5）IMOは、国際協力を促進するため、情報サービス、教育・訓練、技術援助の機能を備える。となっている。1997年12月19日「油汚染事故への準備及び対応のための国家的な緊急時計画」を閣議決定しているが、その根拠となっている。この閣議決定はその後、2006年（H18）12月8日に、有害液体物質を含めた内容の閣議決定「油等汚染事故への準備及び対応のための国家的な緊急時計画」に改定されている。

57）OPRC-HNS議定書　油以外の危険物質及び有害物質による汚染事件に係る準備及び対応等について規定された「2000年の危険物及び有害物質による汚染事件に係る準備、対応及び協力に関する議定書」を指す。議定書の4条に各締約国に対し、汚染事件に係る準備及び対応のための国家的な緊急時計画を有する事を要求しており、このため、OPRCの締結に際し作成した緊急時計画（平成9年12月19日閣議決定）の見直しを行い、「油等汚染事件への準備及び対応のための国家的な緊急時計画（平成18年12月8日）が作られている。日本は、2007年に海防法を改正し対応している。

58）北海（ボン協定・沿岸国とＥＵ８ヵ国）、バルト海地中海（17ヵ国）、カリブ海、黒海等では地域間国際協力の枠組みが作られ、現在は世界18地域で進められている。

59）油等防除対策の実施（国家緊急時計画第3章第5節）

1　油等汚染事件が発生した場合、海防法に基づき応急措置を講ずべき船長等及び防除措置を講ずべき船舶所有者等の関係者による措置が実施されることになるが、**海上保安庁**はこれらの措置義務者の措置の実施状況等を総合的に把握し、措置義務者に対する指導、援助・協力者に対する指導を行う。防除措置義務者が措置を講じていないと認められる場合は、海上保安庁はこれらの者に対し、防除措置を命ずる。緊急に防除措置を講ずる必要がある場合、**海上保安庁は、自ら防除措置を実施し**、又は海上災害防止センターに対して防除措置を講ずべきことを指示する。

2　油等汚染事件が発生した場合の排出油等の防除には例えば、次のような措置があるが、排出油等の種類及び性状、排出油等の拡散状況、気象・海象の状況その他の種々の条件によってその手法が異なるので、防除作業を行うに当たっては、まず、排出油等の拡散、性状の変化及び化学変化の状況について確実な把握に努め、第4節の評価の結果を踏まえて、状況に応じた適切な防除方針を速やかに決定するとともに、関係行政機関、地方公共団体等が協力して、初動段階において有効な防除勢力の先制集中を図り、もって迅速かつ効果的に排出油等の拡散の防止、回収、処理等を実施する。この場合において、海上保安庁その他の関係行政機関等は、他の関係行政機関、地方公共団体等に対し、防除措置の実施に必要な資機材の確保・運搬及び防除措置の実施について協力要請できるものとし、当該要請を受けた関係行政機関、地方公共団体等は、当該協力の必要の有無等を判断し、必要な協力を行う。自衛隊は、防除措置の実施に必要な資機材の輸送について、関係行政機関又は地方公共団体から依頼があった場合、輸送の必要の有無等を判断し、航空機、艦船等の輸送手段を使用して必要な支援を行う。

（1）排出防止措置　引き続く油等の排出を防止するためにガス抜きパイプの閉鎖、船体の傾斜調整等による措置を行うほか、破損タンク内の油等を他船又は他の施設へ移送するいわゆる瀬取りを行う。

（2）拡散防止措置排出油等は、風や潮流の影響を受けて、通常急速に拡散し、海洋汚染の範囲が拡大するものもあるため、油等汚染事件が発生した場合には、必要に応じ、直ちに排出源付近の海域にオイルフェンスを展張して排出油等を包囲し、拡散を局限する。また、揮発性を有する油等の防除に当たっては、排出油等の性状等に応じ、周囲の状況等を勘案して薬剤等の使用により蒸発ガスの発生を抑制する措置を講ずるものとする。

（3）回収措置排出油等の回収方法としては、回収船、回収装置等を使用して回収する機械的回収、吸着材、ゲル化剤等の資機材を使用して回収する物理的回収、その他ひしゃく、バケツ等を使用して回収する応急的・補助的な回収があり、状況に応じてこれらの回収方法のうち最も効果的な方法を用いるものとする。

（4）分散処理等放水装置による放水若しくは船舶の航走により油等を撹拌し、又は処理剤等を使用して油等の分散を促し、大気若しくは海中へ分散させ、生物・自然分解を促進させる処理がある。これは、回収措置の実施、気象・海象、周囲の自然環境、漁場又は養殖場の分布等の状況を勘案して、（3）に掲げる回収方法のみによることが困難な場合において実施するものとする。

3　防除措置を実施するに当たっては、第2章第1節の情報図などを参考にし、それぞれの手法の特質と海洋環境への影響を総合的に考慮して実施すること、できる限り海上での回収に努めること、また、海岸等に漂着させざるを得ない場合においてもその後の回収作業や、影響を受けた環境の修復が比較的容易と想定される場所に誘導すること等に注意を払う必要がある。

4　排出油等が海岸等に漂着した場合、船舶所有者等の関係者により漂着した排出油等の除去のための措置が実施されることになるが、関係行政機関、地方公共団体等は、当該除去のための措置の実施状況等を把握するとともに、迅速かつ効果的な防除作業が実施されるよう、関係機関の出動可能勢力、当該防除作業への支援体制等の情報を収集・整理し、船舶所有者等の関係者に対し提供等を行うよう努める。関係行政機関、地方公共団体並びに港湾、漁港、河川及び海岸の管理者等は、必要に応じ、協力して、漂着した排出油等の除去のための措置を実施する。この場合において、必要な措置を地元住民ボランティア等の協力を得て実施する機関等は、第7節の健康安全管理のための体制整備のほか、円滑な防除作業が実施されるよう必要な支援体制の整備に努める。

5　回収した油等（油等によって汚染されたものを含む。以下同じ。）は、船舶所有者等の関係者による処理が実施されることになるが、関係行政機関、地方公共団体等は、当該回収した油等の量、処理作業の状況等を把握するとともに、適正かつ円滑な処理が実施されるよう、関係業界団体等の協力を得て、回収した油等の貯留・搬送に従事可能な貨物船・タンカー等、回収した油等の処理施設・当該受入可能量等の情報を収集・整理し、船舶所有者等の関係者に対し提供等を行うなど、必要な支援体制の整備に努める。関係行政機関、地方公共団体等は、必要に応じ、回収した油等の処理を実施する。

6　油等のうち、引火性や毒性を有するものが排出された場合には特に以下の点に留意し、防除措置等を実施するものとする。

（1）火災・爆発、ガス中毒等の二次災害を防止するため、検知器具を用いて危険範囲の確認、火気の使用制限等の危険防止措置を講ずるものとする。

（2）排出された物質の特性に応じた保護具を装着させる等防除作業に従事する者の安全確保に努めるものとする。

（3）海上保安庁は、排出された物質の種類及び性状、影響を及ぼす範囲等に関する情報の把握に努め、入手した情報を関係行政機関、関係地方公共団体等に速やかに提供するものとする。

（4）沿岸域において大規模な汚染事件が発生した場合には、関係行政機関、地方公共団体等は、付近住民の生命及び身体を保護するため、必要に応じ、災対法に定めるところに従い、住民の避難等所要の措置を講ずるものとする。

著者／佐々木邦昭

経歴　札幌市出身、昭和44年海上保安大学校卒業、海上保安庁、海上災害防止センターで勤務し、海上災害防止センターではタンカー等による海洋油濁対応に取り組んでいた。平成18年引退の後、漁場油濁基金と川のNPOの専門家として要請があった時、流出油対応と関係する訓練の支援、講習等を行っている。担当した油濁案件としては、貨物船マリタイムガーデニア（平成2年京都府伊根町）、ペルシャ湾原油流出（平成3年調査団と緊急援助隊員）、タンカー泰光丸（平成5年福島県小名浜）、タンカーナホトカ（平成9年福井、石川県）等50数件があり、これらの一部は「私の油濁見聞記」として季刊誌「海上防災」に寄せられている。

協賛／株式会社タナカ商事

〒003-0811 北海道札幌市白石区菊水上町1条1丁目325－5（担当 松生悟郎）

会社概要　主たる社業は管理型最終処分場等の遮水シート施工・工事であるが、油吸着材、オイルフェンス、簡易堰等の販売を行っている。

NPO法人「川の油濁防止技術研究会」は平成9年から㈱タナカ商事内に事務局を維持して河川の事故対応と訓練の支援、資機材の調査・実験等を行っている。

本扉・絵／加藤都子

銀鈴叢書

海に油が流れると・・・
（海難、油流出事故対策と教訓について）

2021年4月29日　初版発行
定価：本体価格3,000円＋税

著者／佐々木邦昭ⓒ
協賛／株式会社タナカ商事
発行／㈱銀の鈴社
発行人／西野大介

〒248-0017　神奈川県鎌倉市佐助1-18-21 万葉野の花庵
TEL：0467-61-1930　FAX：0467-61-1931
URL https://www.ginsuzu.com　E-mail info@ginsuzu.com

ISBN978-4-86618-111-0　C3062　Printed in Japan　NDC684　246頁
印刷／電算印刷㈱　製本／渋谷文泉閣